Sandeep Subramanian
Satyajit Ghosh
Vivek Vidyasagaran

Alertas de ciclones inteligentes no subcontinente indiano

Sandeep Subramanian
Satyajit Ghosh
Vivek Vidyasagaran

Alertas de ciclones inteligentes no subcontinente indiano

Novos conhecimentos sobre a atenuação de tempestades

ScienciaScripts

Imprint
Any brand names and product names mentioned in this book are subject to trademark, brand or patent protection and are trademarks or registered trademarks of their respective holders. The use of brand names, product names, common names, trade names, product descriptions etc. even without a particular marking in this work is in no way to be construed to mean that such names may be regarded as unrestricted in respect of trademark and brand protection legislation and could thus be used by anyone.

Cover image: www.ingimage.com

This book is a translation from the original published under ISBN 978-3-659-79433-9.

Publisher:
Sciencia Scripts
is a trademark of
Dodo Books Indian Ocean Ltd. and OmniScriptum S.R.L publishing group

120 High Road, East Finchley, London, N2 9ED, United Kingdom
Str. Armeneasca 28/1, office 1, Chisinau MD-2012, Republic of Moldova, Europe
Printed at: see last page
ISBN: 978-620-8-30565-9

ÍNDICE DE CONTEÚDOS:

RESUMO

O subcontinente indiano, devido à sua topografia diversificada, está sujeito a um grande número de catástrofes naturais, das quais os ciclones são das mais frequentes. Esta invenção é um quadro para um aviso eficaz de ciclones utilizando modelos climáticos de ponta. Consiste em três módulos principais - Assimilação de dados, Processamento de dados e Difusão de dados.

Os dados atmosféricos actuais são recolhidos na fase de assimilação de dados. Estes dados são depois utilizados para simular os padrões meteorológicos para muitos dias no futuro, utilizando o modelo climático Weather Research and Forecasting (WRF), fornecendo uma previsão exacta da possibilidade de ocorrência de um ciclone com até três dias de antecedência. Na eventualidade de um ciclone estar iminente, a fase de Difusão de Dados é capaz de transmitir o alerta ao maior número possível de pessoas ameaçadas.

A novidade desta invenção reside na utilização da telefonia móvel como principal mecanismo de difusão de alertas. Os telemóveis têm uma grande penetração mesmo nas zonas rurais da Índia, permitindo assim que os alertas cheguem ao maior número possível de pessoas no mais curto espaço de tempo. Além disso, o quadro oferece um sistema de previsão meteorológica fácil de utilizar, em que a assimilação, o tratamento e a divulgação dos dados se efectuam de forma totalmente automatizada, sem necessidade de assistência humana.

CAPÍTULO 1

1 Eventos climáticos extremos no subcontinente indiano:

O subcontinente indiano é dotado de um dos terrenos geográficos mais diversos do planeta - desde as poderosas cordilheiras dos Himalaias com as planícies indo-gangéticas no seu sopé, a norte, o deserto de Thar, a noroeste, o planalto peninsular no centro da Índia e as planícies costeiras que se estendem pela extensa linha costeira do subcontinente. Esta composição geográfica, juntamente com a posição da Índia no globo, a norte do Equador (8°4' a 37°6' N e 68°7' e 97°25' E), confere-lhe uma vasta gama de padrões climáticos. Estes padrões meteorológicos têm uma correlação direta com fenómenos meteorológicos extremos e catástrofes naturais em todo o país.

O Nordeste da Índia está sujeito a um clima alpino. As temperaturas aqui são frequentemente abaixo de zero, baixando com o aumento da altitude - a taxa de lapso adiabático seco[1] é de 9,8°C/km. As zonas mais baixas das cordilheiras dos Himalaias recebem precipitação sob a forma de chuva, enquanto as regiões mais altas recebem uma queda de neve considerável ao longo do ano. Os Himalaias meridionais são constituídos principalmente por formações rochosas lábeis, o que torna esta região extremamente suscetível a deslizamentos de terras que causam anualmente graves danos aos meios de subsistência e às propriedades.

A planície indo-gangética, situada na base da cordilheira dos Himalaias, é uma planície extremamente vasta e fértil que abrange uma grande parte do nordeste e do norte da Índia. É assim chamada devido aos rios que nela desaguam - o Indo e o Ganges. As condições climáticas da região são subtropicais e húmidas, com Verões quentes e húmidos acompanhados de frequentes trovoadas. Em contrapartida, os Invernos são frescos e secos. As fortes monções do sudoeste e do nordeste provocam frequentemente o transbordamento dos rios e fortes inundações nas zonas vizinhas. As inundações são o fenómeno meteorológico extremo mais comum na Índia e causam enormes prejuízos aos meios de subsistência.

As inundações e os deslizamentos de terras ocorrem frequentemente em simultâneo - as catástrofes de 2010 em Ladakh (Fig. 2) e de 2013 em Uttarakhand (Fig. 1) são exemplos do seu poder destrutivo combinado. As inundações de Ladakh, que ocorreram em 6th de agosto de 2010, causadas por uma enorme tempestade, provocaram a morte de 255 pessoas e mais de 1,3 mil milhões de rupias em danos materiais. As fortes chuvas provocaram deslizamentos de terras e inundações repentinas ao longo do curso do rio Indo, que arrastaram residentes e bens de algumas aldeias e cidades de Jammu e Caxemira. As inundações de Uttarakhand foram causadas da mesma forma que as inundações de Ladakh - uma enorme torrente de nuvens sobre

A taxa de lapsos adiabáticos secos é a taxa à qual a temperatura de uma parcela de ar seco diminui com a altitude em condições adiabáticas o estado de Uttarakhand - mas tiveram um poder de destruição muito maior. Provocaram a morte de cerca de 5700 pessoas e afectaram mais de 4200 aldeias no Estado de Uttarakhand. A precipitação contínua entre 14th e 17th de junho provocou o degelo do glaciar de Chorabari. O rio Mandakini trouxe quantidades de água sem precedentes, provocando inundações maciças e deslizamentos de terras ao longo do seu curso.

Fig. 1 Inundações de Uttarakhand em 2013
Fig. 2 Inundações de Uttarakhand em 2013

O deserto de Thar, situado no noroeste da Índia, está sujeito a um clima extremo e árido. As temperaturas aqui atingem os 55°C durante o dia e descem para temperaturas negativas durante a noite. Esta região quase não regista precipitação - apenas 200 mm por ano - e tem sido palco de correntes de ar todos os anos.

O deserto de Thar é um dos desertos mais povoados do mundo e as pessoas que aqui vivem dependem fortemente dos produtos agrícolas para a sua subsistência e para o seu sustento. A escassez de precipitação torna o cultivo de plantas uma perspetiva assustadora e arriscada - uma seca grave pode facilmente destruir meses de trabalho e causar uma fome grave na região. Nos últimos séculos, a Índia assistiu a várias situações de fome devastadoras.

A Índia tem a 18th maior linha costeira do mundo, com uma extensão de 7.516 km. As planícies costeiras têm um clima tropical de monção caracterizado por temperaturas moderadas durante todo o ano. A precipitação ocorre em duas fases distintas por ano - a Monção do Sudoeste (junho - outubro) e a Monção do Nordeste (outubro - dezembro). Embora as monções do sudoeste sejam responsáveis por cerca de 80% da precipitação anual, estas chuvas não são normalmente acompanhadas de ventos fortes. Em contrapartida, a monção em retirada (ou seja, a monção do Nordeste) é frequentemente caracterizada por ventos fortes e é um centro de atividade ciclónica. Os ciclones ocorrem cerca de cinco vezes por ano - mais do que qualquer outro fenómeno meteorológico extremo na Índia. A costa oriental da Índia foi palco de vários ciclones devastadores no passado recente - o ciclone Thane em 2011 (Fig. 4), o ciclone Nilam em 2012 (Fig. 5) e o ciclone Phailin em 2013 (Fig. 6), cada um deles causando a morte de centenas de pessoas ao longo da costa de Andhra Pradesh, Orissa e Tamil Nadu.

Fig. 3 Ciclone Nilam (Crédito: ABC News Australia)
Fig. 4 Ciclone Thane 2011 (Crédito: NBC News)

Fig. 5 Ciclone Phailin
(Crédito: Krish Dulal)

Assim, é evidente que a Índia é propensa a vários tipos de fenómenos meteorológicos extremos, todos eles causadores de morte e destruição maciças [1]. O quadro 1 apresenta uma panorâmica dos danos causados pelas catástrofes naturais na Índia nas últimas três décadas e o quadro 2 apresenta as catástrofes naturais mais destrutivas em termos de número de mortos.

Number of events	431
Number of people killed	143,039
Average deaths per year	4,614
Number of people affected	1,521,726,127
Average number of people affected per year	49,087,940
Economic Damage (In thousands of US Dollars)	48,063,830
Economic Damage per year (In thousands of US Dollars)	1,550,446

Tabela. 1 Desastres naturais de 1980 a 2010 na Índia

Disaster	Year	Death Toll
Earthquake	2001	20,005
Eatherquake	2004	16,389
Storm/Cyclone	1999	9,843
Earthquake	1993	9,748
Storm/Cyclone	1998	2,871
Flood	1994	2,001
Flood	1998	1,811

Tabela. 2 Número de mortos por catástrofe

Disaster	Average Deaths
Droughts	45.71
Earthquakes*	3,108.19
Floods	217.53
Storms/Cyclones	252.51

Tabela. 3 Média de mortes por catástrofe
* Incluindo o número de mortos do tsunami de 2004

Os quadros 2 e 3 permitem avaliar claramente os danos causados pelas tempestades e ciclones, em particular. O facto de estes ciclones atingirem a costa indiana até cinco vezes por ano significa a morte de cerca de 1.000 pessoas anualmente. Por conseguinte, é imperativo um sistema robusto que possa avisar os habitantes da costa da iminência de um ciclone.

1.1 Ciclones

A palavra "ciclone" deriva da palavra grega "cyclo" que significa o enrolamento de uma serpente. Em física climática, um ciclone é um sistema circular rotativo de baixa pressão que gira ao longo da rotação da Terra (ou seja, no sentido anti-horário no hemisfério norte e no sentido horário no hemisfério sul). Os ciclones têm um impacto distinto nos padrões climáticos em todo o mundo [2, 3].

Na Índia, os ciclones tropicais são causados pelas monções do sudoeste e do nordeste. As monções do sudoeste começam por volta do início de junho e avançam para norte, prolongando-se até setembro.

O oeste e o norte da Índia, incluindo o deserto de Thar, aquecem significativamente durante os meses de verão, o que provoca uma baixa pressão sobre esta região. Esta baixa pressão atrai então ventos húmidos do sul do Oceano Índico, que se precipitam para preencher este vazio. Estes ventos são então bloqueados no seu caminho pelos poderosos Himalaias a norte, o que desencadeia a precipitação nesta região. A maior parte da precipitação da Índia (cerca de 80%) é provocada pelas monções do sudoeste.

Em setembro, a massa terrestre do norte da Índia recebe grandes quantidades de chuva e esta região começa a arrefecer rapidamente com o início do inverno. A massa terrestre indiana actua como um sistema de alta pressão, enquanto as massas de água circundantes são sistemas de baixa pressão. Isto resulta em ventos frios e húmidos do norte da Índia que fluem para baixo, para a Índia peninsular e para a Baía de Bengala. Este fenómeno é conhecido como a Monção de Recuo.

A monção do nordeste regista muito mais atividade ciclónica do que as monções do sudoeste. Tamil Nadu suporta o peso da atividade ciclónica da monção do nordeste, o que constituiu uma premissa para o nosso enfoque no Estado neste livro (Fig. 6, 7, 8, 9). A monção de sudoeste é caracterizada pela presença de ventos fortes de oeste e de ventos ainda mais fortes de leste.

A presença destes dois padrões de vento resulta num elevado cisalhamento vertical do vento, que inibe a atividade ciclónica.

Além disso, o Mar Arábico é muito mais frio do que a Baía de Bengala. Isto inibe novamente a intensificação de qualquer sistema ciclónico que possa desenvolver-se na região.

O quadro 4 apresenta as diferentes categorias de tempestades ciclónicas em função da intensidade do sistema.

Category	Sustained Winds
Super Cyclonic Storm	Above 222 km/hr
Very Severe Cyclonic Storm	118-221 km/hr
Severe Cyclonic Storm	88-117 km/hr
Cyclonic Storm	62-87 km/hr
Deep Depression	52-61 km/hr
Depression	Below 51 km/hr

Tabela. 4 Categorias de Intensidades de Tempestades Ciclónicas pelo Departamento Meteorológico Indiano

Fig. 6 Ciclone Madi (Fonte: Indian Express)
Fig. 7 Ciclone Nisha (Fonte: Koodal.com)

Fig. 8 Ciclone Jal (Fonte: The Hindu)

É evidente que os ciclones são o resultado de uma combinação de vários fenómenos atmosféricos que têm sido estudados extensivamente nas últimas décadas. Com o advento da meteorologia por satélite e o aumento maciço de sensores pertinentes para as condições atmosféricas (discutidos no Capítulo 1.2), é agora possível estudar e seguir a génese, a progressão e o landfall de um ciclone vários dias antes da sua ocorrência.

Isto é possível graças aos sistemas de previsão numérica do tempo mais avançados. Alertar antecipadamente os habitantes das zonas costeiras para a iminência de um ciclone pode ajudar a salvar milhares de vidas por ano. Assim, há uma clara necessidade de alertas de ciclones que possam ser divulgados a todas as potenciais vítimas de catástrofes naturais.

1.2 Protocolos e processos de aquisição de dados atmosféricos existentes

No contexto indiano, o centro de recursos de aquisição de dados mais óbvio no que diz respeito às ciências atmosféricas é o Departamento Meteorológico Indiano (IMD) [4]. O Centro Nacional de Dados (NDC) armazena grandes quantidades de dados desde há 125 anos.

Os dados armazenados incluem precipitação, radiação de onda longa de saída (OLR), níveis de ozono atmosférico, dados marinhos e dados sobre a poluição atmosférica, entre outros.

Nos últimos anos, com o advento da meteorologia por satélite, estão disponíveis muitos dados sobre o subcontinente indiano, mesmo de organizações fora da Índia, como a University Corporation for Atmospheric Research (UCAR). Tudo isto foi possível graças aos avanços na tecnologia de sensores.

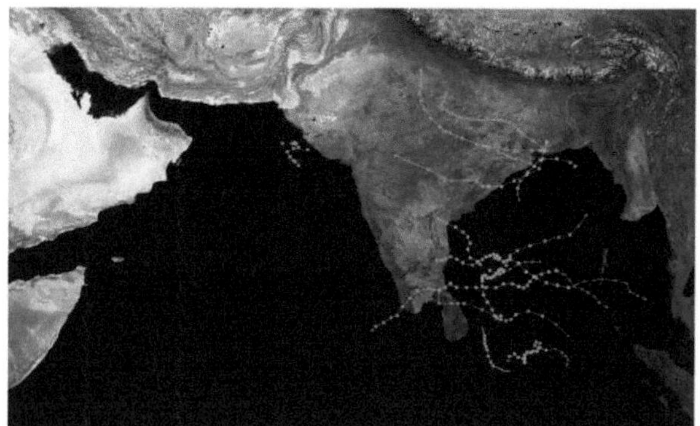
Fig. 9 Atividade ciclónica em torno do subcontinente indiano em 2005

1.2.1 Sensores em todo o lado

Na era da informação, é inegável o papel importante que os dados desempenham na nossa vida quotidiana. As decisões no mundo moderno são muitas vezes orientadas por dados passados e actuais. No entanto, para passar de dados a informação, é necessário analisá-los através de um computador. Esta conversão, de sinais analógicos que ocorrem na natureza para sinais digitais com os quais os computadores podem trabalhar, é a tarefa dos sensores. Os sensores existem numa enorme variedade de formas e tamanhos, empregando diferentes tipos de tecnologia para adquirir uma vasta gama de informações. A tecnologia de sensores, tal como qualquer outra tecnologia no mundo, tem vindo a melhorar de forma constante ao longo dos anos. Os sensores de modem não só fornecem dados mais precisos do que antes, como também são capazes de detetar uma gama mais vasta de parâmetros e podem frequentemente obter informações de áreas maiores. A acessibilidade generalizada da Internet permitiu agora que toda esta informação fosse partilhada e contribuísse para o mundo inteiro, permitindo que a recolha e o processamento de dados fossem completamente descentralizados.

No contexto da assimilação de dados meteorológicos, os sensores dos satélites foram a maior invenção neste domínio. Alteraram a forma como a ciência atmosférica é efectuada. Recolhem informações sobre uma vasta gama de propriedades físicas da Terra e da sua atmosfera, numa enorme área geográfica, e não necessitam de qualquer equipamento terrestre para o seu funcionamento. Por exemplo, os dados sobre a temperatura da Terra eram anteriormente assimilados utilizando sensores de temperatura terrestres que forneciam o valor da temperatura num local específico. Estes valores de temperatura eram depois coligidos e interpolados de modo a obter informações sobre a temperatura numa grande área - por exemplo, um país inteiro. Este método exigia a instalação e manutenção de sensores terrestres em todo um país, o que é muito dispendioso. Os satélites, por outro lado, utilizam uma câmara de infravermelhos de alta resolução para as medições de temperatura. A câmara fornece o perfil completo da temperatura de uma grande parte da Terra. Embora a construção e a instalação dos satélites sejam dispendiosas, o seu custo de manutenção é insignificante. Este é apenas um exemplo da forma como os satélites estão a ser utilizados para reduzir os custos e melhorar a qualidade dos dados meteorológicos.

Fig. 10 INS AT 1A - Um satélite meteorológico indiano (Organização de Investigação Espacial Indiana)

A enorme utilidade dos satélites na investigação meteorológica tem sido um fator primordial para os 799 satélites geoespaciais lançados até hoje no mundo. O quadro. 5 mostra o número de satélites instalados por diferentes países.

Country	Geostationary Satellites
United States of America	186
Russia	148
China	53
Japan	52
India	27

Tabela. 5 Número de satélites geoestacionários lançados por vários países

Outros sensores de dados também têm vindo a fornecer informações essenciais sobre a Terra e a sua atmosfera. As bóias aquáticas têm sido colocadas em grande escala nos oceanos de todo o mundo. Contêm sensores de pressão que detectam o nível da água em diferentes pontos do oceano e, assim, fornecem dados a partir dos quais se pode calcular a probabilidade de ocorrência de maremotos ou tsunamis.

Fig. 11 Boia de Deteção de Oceano Profundo (Gabinete Australiano de Meteorologia)

Outra plataforma amplamente utilizada para a recolha de dados sobre os oceanos e a atmosfera são os navios de investigação. Trata-se de navios polivalentes que possuem um grande número de sensores e instrumentos para medir as caraterísticas físicas, químicas e biológicas dos oceanos e da atmosfera.

Fig- 12 Uma imagem do NOAAS Ronald H Brown, um navio de investigação oceanográfica (NOAA)

Para além dos sensores no mar, os sensores terrestres, denominados estações meteorológicas, também fornecem dados sobre o solo e as condições atmosféricas. Estas estações medem a precipitação, a radiação solar, a temperatura da superfície do solo e os ventos solares para fornecer informações sobre as alterações climáticas e os padrões meteorológicos.

Todos estes dados contêm padrões ocultos que revelam uma imagem abrangente dos padrões meteorológicos actuais e também fornecem informações sobre como será o tempo no futuro. À medida que a precisão e o volume dos dados recolhidos aumentam, a exatidão das previsões meteorológicas também melhora.

Fig. 13 Uma estação meteorológica no Parque Nacional Capitol Reef, Torrey, Utah, EUA (National Oceanographic and Atmospheric Administration, EUA)

1.2.2 Avanços na informática

A capacidade de computação também tem vindo a aumentar exponencialmente desde há muitos anos. De facto, acredita-se que o número de transístores (a unidade básica de computação) num computador duplicará de 2 em 2 anos. Este facto foi previsto por Gordon Moore em 1965 e é agora popularmente conhecido como a Lei de Moore.

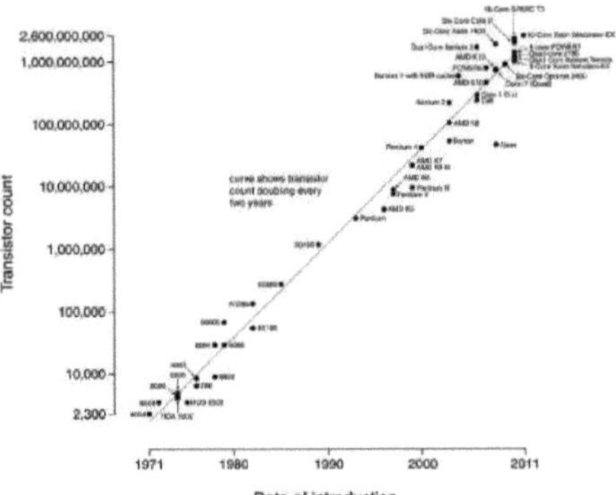

Fig. 14 Gráfico que mostra como o número de transístores num chip tem vindo a aumentar exponencialmente desde 1970 (Crédito da imagem: Ljgual24)

Para além de aumentar o número de unidades de computação num processador, outra forma de aumentar a velocidade de um processador - de facto, a forma mais simples - é aumentar o número de instruções que são executadas em tempo unitário. Isto é feito aumentando a velocidade do relógio interno. A Fig. 15 mostra um gráfico da taxa a que a velocidade do relógio tem vindo a aumentar ao longo dos anos.

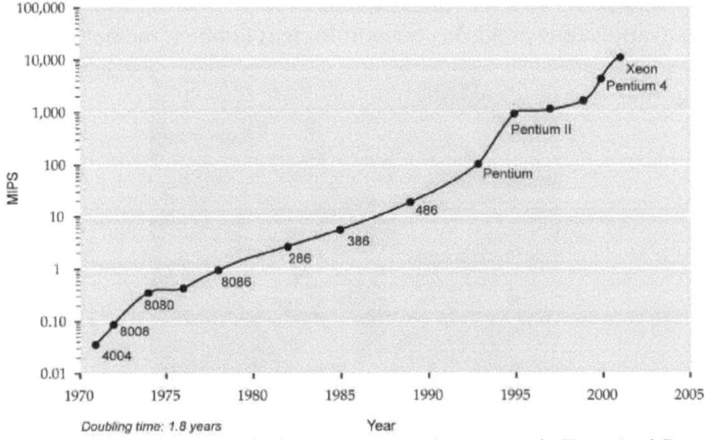

Fig. 14 Gráfico que mostra a taxa de aumento das instruções computadas por segundo (Fonte: Intel Corporation; Crédito da imagem: www.singularity.com)

Embora a capacidade de processamento de um único processador esteja a aumentar de forma exponencial, os fabricantes de chips estão também a recorrer a processadores multi-core para aumentar ainda mais a capacidade de processamento. Ao fabricar mais do que um processador num único chip, a capacidade de processamento pode ser aumentada consideravelmente.

Estas tendências não se limitam aos supercomputadores. Muitas destas inovações estão a ser aplicadas no mercado de consumo. Assim, esse poder de computação não se restringe aos laboratórios de investigação e às instituições governamentais, mas está cada vez mais acessível às pessoas comuns. Por exemplo, os dispositivos modernos, como os smartphones, vêm com até 4 núcleos de processamento independentes, cada um dos quais pode executar muitos milhões de instruções num segundo.

Tendo em conta todos estes desenvolvimentos, mesmo as aplicações de computação intensiva podem ser executadas com bastante rapidez em computadores de consumo médio. Este facto abriu novas possibilidades nos domínios da análise de grandes volumes de dados. Tornou-se viável executar aplicações que, historicamente, exigiam mainframes, como o software de previsão meteorológica, em computadores pessoais.

As duas tecnologias aqui apresentadas são ambas muito essenciais no domínio da previsão meteorológica. O avanço destas tecnologias até ao estado em que se encontram abriu possibilidades fascinantes sobre o que pode ser feito com elas. A disponibilidade crescente de dados de sensores e de capacidade de computação permite aos estudantes e investigadores estudar as ciências atmosféricas com custos de instalação muito reduzidos.

1.3 Colmatando o fosso

1.3.1 Como colmatar esta lacuna

No capítulo 1.1, apresentámos argumentos sólidos para explicar por que razão a divulgação de alertas de ciclones às populações é de importância primordial para salvar vidas e bens. As infra-estruturas de deteção meteorológica e de computação chegaram agora a um ponto em que esses alertas podem ser gerados com relativa rapidez. Tudo o que resta é colmatar esta lacuna entre as previsões meteorológicas geradas pela comunidade científica e os alertas meteorológicos de que o homem comum necessita.

Estes quadros não são novos. De facto, há muitos anos que os departamentos meteorológicos de vários países (incluindo o Departamento Meteorológico da Índia) emitem alertas com base em previsões meteorológicas. Por exemplo, o IMD fornece dados e previsões meteorológicas abrangentes no seu portal Web (www.imd.gov.in). O sítio contém dados meteorológicos dos últimos 125 anos e também fornece previsões com até 7 dias de antecedência. Estas previsões e avisos ajudaram a atenuar os efeitos de vários ciclones de grande dimensão, incluindo o ciclone Thane e o ciclone Phailin. Os alertas atempados do IMD permitiram a evacuação em grande escala das zonas de perigo antes da passagem do ciclone, limitando o número de mortos a 48 e 36, respetivamente, nos dois ciclones. O principal meio de divulgação utilizado pelo IMD tem sido os meios de radiodifusão, como a televisão e a rádio. No entanto, isto coloca problemas aos habitantes das zonas rurais, uma vez que muitos deles não têm acesso a esses meios de comunicação a qualquer hora do dia.

O surgimento da telefonia móvel generalizada nos últimos anos proporcionou uma plataforma muito mais versátil para esses alertas. A penetração da telefonia móvel na

Índia tem vindo a aumentar a um ritmo muito elevado e prevê-se que continue a aumentar no futuro. A Fig. 16 mostra o aumento do número de assinantes de telemóveis na Índia entre fevereiro de 2007 e maio de 2010.

Total Telecom Subscribers (Million)

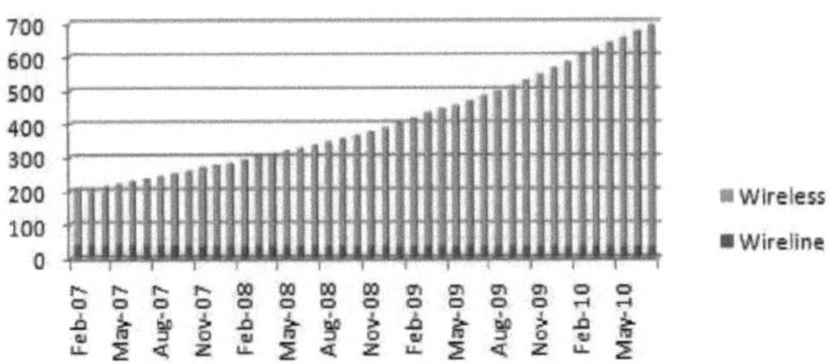

Fig. 15 Assinantes de serviços móveis na Índia de fevereiro de 2007 a maio de 2010
(Fonte: Telecom Regulatory Authority of India)

Atualmente, o número de assinantes de telefone é de 913 milhões, com 5,5 milhões de novas assinaturas todos os anos. Isto permitiu uma teledensidade média[2] de 74,02% na Índia.

Highlights on Telecom Subscription Data as on 31st December, 2013

Particulars	Wireless	Wireline	Total (Wireless + Wireline)
Total Subscribers (Millions)	**886.30**	**28.89**	**915.19**
Total Net Monthly Addition (Millions)	5.16	-0.11	5.05
Monthly Growth	0.59%	-0.38%	0.56%
Urban Subscribers (Millions)	**526.63**	**22.77**	**549.40**
Urban Subscribers Net Monthly Addition (Millions)	2.83	-0.06	2.77
Monthly Growth	0.54%	-0.28%	0.51%
Rural Subscribers (Millions)	**359.67**	**6.12**	**365.79**
Rural Subscribers Net Monthly Addition (Millions)	2.33	-0.05	2.29
Monthly Growth	0.65%	-0.76%	0.63%
Overall Teledensity*	**71.69**	**2.34**	**74.02**
Urban Teledensity*	138.94	6.01	144.95
Rural Teledensity*	41.95	0.71	42.67
Share of Urban Subscribers	59.42%	78.81%	60.03%
Share of Rural Subscribers	40.58%	21.19%	39.97%

Fig. 16 Dados recentes de assinaturas de telecomunicações
(Fonte: Telecom Regulatory Authority of India)

Estes números mostram claramente que os telemóveis constituem um meio de comunicação muito acessível, especialmente em casos de emergência. É evidente que o ecossistema móvel indiano está suficientemente alargado para beneficiar de um quadro de alerta meteorológico. No entanto, ainda não foi implantado um sistema omnipresente de divulgação de alertas através dos telemóveis

[2] A percentagem de indivíduos num país com uma ligação telefónica.

1.3.2 O quadro

Um sistema deste tipo, que pode receber dados meteorológicos actuais e fornecer previsões e análises meteorológicas abrangentes, gerando e divulgando alertas conforme necessário, é complicado. Aqui, descrevemos uma dessas abordagens.

Este quadro fornece um pipeline para converter dados meteorológicos brutos em alertas meteorológicos úteis quando necessário e pode também enviar os alertas para as pessoas que deles necessitam. Divide-se em três componentes principais - Assimilação de dados, Processamento de dados e Difusão de dados.

A etapa de Assimilação de Dados consiste na execução de scripts que consultam fontes da Internet para obter as informações meteorológicas mais actuais. Essas informações são fornecidas pela National Oceanic and Atmospheric Administration (NOAA) dos EUA e pelo Indian Meteorological Department (IMD), entre outros. A informação é então armazenada localmente para processamento posterior.

A etapa seguinte - Processamento de Dados - é onde se efectua a previsão meteorológica propriamente dita. Isto é feito utilizando o modelo de Investigação e Previsão Meteorológica (WRF) no seu núcleo. O modelo climático WRF aplica os princípios da dinâmica de fluidos computacional para prever os estados futuros da atmosfera terrestre, tendo em conta o seu estado atual. O resultado do ficheiro WRF é então analisado. Os dados textuais são convertidos em gráficos utilizando o pacote NCAR Graphics, desenvolvido pela National Corporation for Atmospheric Research (NCAR). O algoritmo de previsão de ciclones também é executado nos dados de saída em paralelo para analisar a possibilidade de um ciclone. O controlo é transferido para a etapa final da estrutura.

Na etapa de Disseminação de Dados, as imagens de saída da etapa anterior são recolhidas e convertidas numa mensagem de Serviço de Mensagens Multimédia (MMS). Depois, se houver uma ameaça de ciclone num futuro próximo, a MMS é enviada para as pessoas necessárias de duas maneiras - diretamente para os telefones dos utilizadores que subscreveram um sistema de alerta meteorológico, ou como uma Interface de Programação de Aplicações (API) para organizações que funcionam em zonas costeiras, como a Guarda Costeira.

O próximo capítulo abordará em pormenor o funcionamento de cada uma destas subpartes.

CAPÍTULO 2

2 Arquitetura do sistema

O Capítulo 1 apresentou uma visão global do problema em causa e uma potencial solução para o mesmo. O Capítulo 2 procurará aprofundar os aspectos técnicos e a realização do quadro descrito no Capítulo 1.3.

2.1 Assimilação de dados

O tópico da aquisição de dados e dos dados dos sensores foi amplamente discutido no Capítulo 1.2. Este capítulo abordará os pormenores de como obter estes dados de sensores de forma a poderem ser processados por um sistema de Previsão Numérica do Tempo como o WRF. Também se listam as fontes fiáveis de onde esses dados podem ser obtidos.

2.1.1 Fontes de dados

O Capítulo 1.2 abordou brevemente as organizações que armazenam grandes quantidades de dados atmosféricos. Este capítulo apresenta uma lista de fontes fiáveis a partir das quais esses dados podem ser obtidos gratuitamente.

Os dados atmosféricos brutos assimilados a partir de várias fontes, como satélites, estações meteorológicas e bóias, têm de ser compilados e agrupados num formato compreensível por máquina para permitir a previsão. Os departamentos meteorológicos de todo o mundo agrupam estas informações em conjuntos de dados concebidos para fins específicos. Por exemplo, os conjuntos de dados do modelo Rapid Refresh podem ser utilizados para estudar as condições atmosféricas que estão a mudar rapidamente com o tempo, enquanto os conjuntos de dados do Real Time Ocean Forecast System podem ser utilizados para estudar as condições oceânicas durante grandes períodos de tempo. Do mesmo modo, existem também muitos conjuntos de dados específicos de uma localização geográfica.

O WPS (WRF Preprocessing System), que será discutido em pormenor no Capítulo 2.2, aceita vários conjuntos de dados como entrada para o sistema de previsão meteorológica. O sítio Web dos utilizadores do WRF [5] fornece ligações para fontes de dados disponíveis gratuitamente, que podem ser descarregadas do sítio Web do NCAR/CISL (Centro Nacional de Investigação Atmosférica/Laboratório de Sistemas de Informação Computacional) após inscrição [6].

Discutir em pormenor o papel de cada um destes conjuntos de dados na previsão meteorológica está fora do âmbito deste livro.

Para além de divulgarem dados meteorológicos que podem ser introduzidos nos sistemas de previsão numérica do tempo, as organizações de ciências atmosféricas, incluindo o Departamento Meteorológico Indiano, divulgam sondagens das condições do ar superior para estudar o perfil vertical da atmosfera. A Fig. 18 (direita) é o perfil vertical da atmosfera sobre Chennai recolhido pelo IMD e a Fig. 18 (esquerda) é a sondagem divulgada pelo Departamento de Ciências Atmosféricas da Universidade de Wyoming também sobre Chennai. É importante notar aqui que as sondagens em bruto das condições atmosféricas não podem ser introduzidas nos sistemas de previsão meteorológica numérica enquanto tal e estão a ser discutidas neste capítulo para serem completas.

A partir de abril de 2009, o Departamento Meteorológico da Índia fornece os dados atmosféricos que recolhe apenas a institutos de investigação indianos, mediante assinatura. O IMD cobra uma taxa de registo de 5000 rúpias (cerca de 75 dólares), válida por um ano. Posteriormente, tem de ser renovada todos os anos, mediante o preenchimento do formulário de renovação e o pagamento de 100 rupias (cerca de 1,5 dólares).

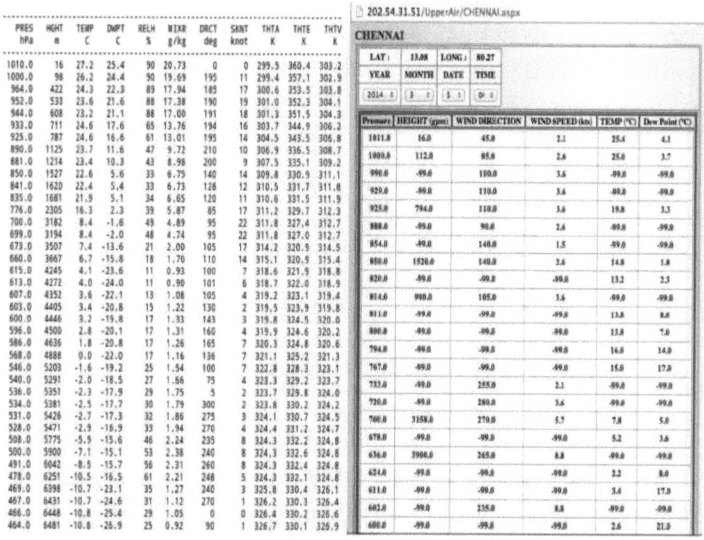

PRES hPa	HGHT m	TEMP C	DWPT C	RELH %	MIXR g/kg	DRCT deg	SKNT knot	THTA K	THTE K	THTV K
1010.0	16	27.2	25.4	90	20.73	0	0	299.5	360.4	303.2
1000.0	98	26.2	24.4	90	19.69	195	11	299.4	357.1	302.9
964.0	422	24.3	22.3	89	17.94	185	17	300.6	353.5	303.8
952.0	533	23.6	21.6	88	17.38	190	19	301.0	352.3	304.1
944.0	608	23.2	21.1	88	17.00	191	18	301.3	351.5	304.3
933.0	711	24.6	17.6	65	13.76	194	16	303.7	344.9	306.2
925.0	787	24.6	16.6	61	13.01	195	14	304.5	343.5	306.8
890.0	1125	23.7	11.6	47	9.72	210	10	306.9	336.5	308.7
881.0	1214	23.4	10.3	43	8.98	200	9	307.5	335.1	309.2
850.0	1527	22.6	5.6	33	6.75	140	14	309.8	330.9	311.1
841.0	1620	22.4	5.4	33	6.73	128	12	310.5	331.7	311.8
835.0	1681	21.9	5.1	34	6.65	120	11	310.6	331.5	311.9
776.0	2305	16.3	2.3	39	5.87	85	17	311.2	329.7	312.3
700.0	3182	8.4	-1.6	49	4.89	95	22	311.8	327.4	312.7
699.0	3194	8.4	-2.0	48	4.74	95	22	311.8	327.0	312.7
673.0	3507	7.4	-13.6	21	2.00	105	17	314.2	320.9	314.5
660.0	3667	6.7	-15.8	18	1.70	110	14	315.1	320.9	315.4
615.0	4245	4.1	-23.6	11	0.93	100	7	318.6	321.9	318.8
613.0	4272	4.0	-24.0	11	0.90	101	6	318.7	322.0	318.9
607.0	4352	3.6	-22.1	13	1.08	105	4	319.2	323.1	319.4
603.0	4405	3.4	-20.8	15	1.22	130	2	319.5	323.9	319.8
600.0	4446	3.2	-19.8	17	1.33	143	3	319.8	324.5	320.0
596.0	4500	2.8	-20.1	17	1.31	160	4	319.9	324.6	320.2
586.0	4636	1.8	-20.8	17	1.26	165	7	320.3	324.8	320.6
568.0	4888	0.0	-22.0	17	1.16	136	7	321.1	325.2	321.3
546.0	5203	-1.6	-19.2	25	1.54	100	7	322.8	328.3	323.1
540.0	5291	-2.0	-18.5	27	1.66	75	4	323.3	329.2	323.7
536.0	5351	-2.3	-17.9	29	1.75	5	2	323.7	329.8	324.0
534.0	5381	-2.5	-17.7	30	1.79	300	2	323.8	330.2	324.2
531.0	5426	-2.7	-17.3	32	1.86	275	3	324.1	330.7	324.5
528.0	5471	-2.9	-16.9	33	1.94	270	4	324.4	331.2	324.7
508.0	5775	-5.9	-15.6	46	2.24	235	8	324.3	332.2	324.8
500.0	5900	-7.1	-15.1	53	2.38	240	8	324.3	332.6	324.8
491.0	6042	-8.5	-15.7	56	2.31	260	8	324.3	332.4	324.8
478.0	6251	-10.5	-16.5	61	2.21	248	5	324.3	332.1	324.8
469.0	6398	-10.7	-23.1	35	1.27	240	3	325.8	330.4	326.1
467.0	6431	-10.7	-24.6	31	1.12	270	1	326.2	330.3	326.4
466.0	6448	-10.8	-25.4	29	1.05	0	0	326.4	330.2	326.6
464.0	6481	-10.8	-26.9	25	0.92	90	1	326.7	330.1	326.9

202.54.31.51/UpperAir/CHENNAI.aspx

CHENNAI

LAT :	13.08	LONG :	80.27
YEAR	MONTH	DATE	TIME
2014	3	5	0

Pressure	HEIGHT (gpm)	WIND DIRECTION	WIND SPEED (kts)	TEMP (°C)	Dew Point (°C)
1011.0	16.0	45.0	2.1	25.4	4.1
1000.0	112.0	85.0	2.6	25.0	3.7
990.0	-99.0	100.0	3.6	-99.0	-99.0
920.0	-99.0	110.0	3.6	-99.0	-99.0
925.0	794.0	110.0	3.6	19.8	3.3
888.0	-99.0	90.0	2.6	-99.0	-99.0
854.0	-99.0	140.0	1.5	-99.0	-99.0
850.0	1520.0	140.0	2.6	14.8	1.8
820.0	-99.0	-99.0	-99.0	13.2	2.3
814.0	900.0	105.0	3.6	-99.0	-99.0
811.0	-99.0	-99.0	-99.0	13.8	8.0
800.0	-99.0	-99.0	-99.0	13.8	7.0
794.0	-99.0	-99.0	-99.0	16.0	14.0
767.0	-99.0	-99.0	-99.0	15.0	17.0
733.0	-99.0	255.0	2.1	-99.0	-99.0
720.0	-99.0	280.0	3.6	-99.0	-99.0
700.0	3158.0	270.0	5.7	7.8	5.0
678.0	-99.0	-99.0	-99.0	5.2	3.6
636.0	3900.0	265.0	8.8	-99.0	-99.0
624.0	-99.0	-99.0	-99.0	2.2	8.0
611.0	-99.0	-99.0	-99.0	3.4	17.0
602.0	-99.0	235.0	8.8	-99.0	-99.0
600.0	-99.0	-99.0	-99.0	2.6	21.0

Fig. 17 Sons atmosféricos de Chennai divulgados pela Universidade de Wyoming (esquerda) e pelo IMD (direita)

2.1. 2Dados Formatos

A compreensão da fonte dos dados meteorológicos não está completa sem a compreensão do formato em que esses dados são armazenados e recuperados. Vejamos os formatos de dados mais populares.

As ciências meteorológicas lidam quase sempre com grandes quantidades de dados, uma vez que processam periodicamente dados provenientes de todo o mundo. Este facto exige formatos de dados altamente estruturados que possam lidar com grandes conjuntos de dados e que sejam fáceis de manter e utilizar. Assim, surgiram vários formatos de dados, muitos dos quais são específicos da meteorologia. Estes formatos foram normalizados por organizações internacionais e, assim, fornecem uma interface comum para a transferência de dados entre aplicações que desempenham diferentes funções, desde a previsão numérica do tempo até à visualização. Vejamos mais de perto alguns dos formatos de dados mais populares

GRIdded Binary Data Format - Este é o formato mais popular para armazenamento de dados em meteorologia. Foi normalizado pela Comissão de Sistemas Básicos da Organização Meteorológica Mundial com o nome GRIB FM 92-IX. O formato é muito modular. Os dados são divididos em registos, cada um dos quais é independente dos outros registos. Os registos podem ser acrescentados e retirados sem afetar o resto dos dados. Cada registo é composto por duas partes - o cabeçalho e o corpo. O cabeçalho contém metadados sobre o conteúdo do corpo. Inclui pormenores como o criador dos dados, o processo numérico envolvido, os parâmetros que estão a ser armazenados, as unidades dos dados, o perfil vertical que está a ser utilizado e o carimbo de data/hora. O próprio corpo é armazenado em formato binário. A Fig. 19 apresenta uma representação pictórica da forma como os dados GRIB estão organizados. A nova versão do formato - GRIB2 - permite agora o armazenamento do corpo num formato comprimido. Este formato é amplamente utilizado pelo modelo WRF e no sistema de alerta.

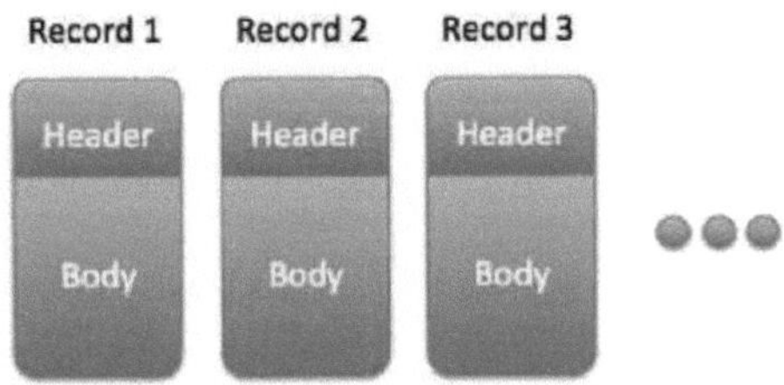

Fig. 18 A estrutura de organização dos dados GRIB

Common Data Format (CDF) - O CDF foi criado pelo National Space Science Data Center (NSSDC) da NASA. É um formato de dados auto-descritivo para o armazenamento de dados escalares e multidimensionais de uma forma independente da plataforma e da disciplina.

Tal como o GRIB, também este encapsula um cabeçalho, que contém metadados sobre o tipo de dados que estão a ser armazenados. No entanto, ao contrário do GRIB, o CDF foi criado com uma gama mais alargada de aplicações em mente. Não se limita apenas a conjuntos de dados meteorológicos.

O CDF pode armazenar dados de duas formas: como um único ficheiro grande ou como vários ficheiros pequenos. O armazenamento de dados em vários ficheiros tem a vantagem de ter de lidar com tamanhos de ficheiro limitados e de ter um ficheiro separado para cada parâmetro armazenado. No entanto, isto significa ter de lidar com um grande número de ficheiros. Além disso, o CDF não permite a utilização de funcionalidades como a compressão de ficheiros e as matrizes esparsas com o armazenamento em vários ficheiros. O tipo de armazenamento escolhido dependerá do caso de utilização específico.

Para além de um protocolo que especifica a organização dos dados e os cabeçalhos associados, o CDF também disponibiliza uma biblioteca de software que fornece funções para ler e escrever dados de diferentes formatos (incluindo ASCII simples e binário) no CDF. Isto permite aos utilizadores utilizar o formato CDF sem necessitarem de qualquer conhecimento do seu funcionamento. A biblioteca também pode encriptar e desencriptar dados automaticamente, abstraindo completamente o processo do utilizador.

Fig. 19Organização do armazenamento de **um único ficheiro** em CDF

Fig. 20 Organização do armazenamento de vários ficheiros no CDF

Network Common Data Form (NetCDF) - O NetCDF foi originalmente baseado no formato CDF, mas desde então divergiu e não é compatível com o CDF. Tal como o CDF, contém um conjunto de bibliotecas de software e protocolos de armazenamento de dados. É utilizado para criar, aceder e partilhar dados científicos orientados para vectores - Dados que são armazenados sob a forma de vectores para uma manipulação aritmética rápida. Foi criado pela UCAR e é atualmente uma norma internacional do Open Geospatial Consortium.

As bibliotecas netCDF suportam 3 formatos binários diferentes para ficheiros netCDF:

- O formato clássico foi utilizado na primeira versão do netCDF e continua a ser o formato predefinido para a criação de ficheiros.
- O formato de desvio de 64 bits foi introduzido na versão 3.6.0 e suporta tamanhos maiores de variáveis e ficheiros.
- O formato netCDF-4/HDF5 foi introduzido na versão 4.0. Utiliza o formato de dados HDF5.

Tal como os outros formatos, o NetCDF é auto-descritível - existe uma secção de cabeçalho que descreve os metadados para a informação que se segue. Isto permite-lhe ser independente da máquina. Quaisquer diferenças de representação entre arquitecturas de máquinas (como o endianness) são tratadas pelas bibliotecas de software.

2.1.3 Automatização da recuperação

O capítulo anterior enumerou várias fontes na Internet a partir das quais podem ser descarregados dados meteorológicos que podem ser compreendidos por um sistema de previsão numérica do tempo. Estes dados são introduzidos no pipeline do nosso quadro para gerar previsões com vários dias de antecedência. O facto de fornecer ao sistema de previsão numérica do tempo as condições meteorológicas mais actualizadas melhorará a precisão das previsões. Por conseguinte, é necessário voltar a executar as previsões sempre que estiver disponível uma imagem mais atual da atmosfera. O GFS (Sistema de Previsão Global) divulga dados meteorológicos em intervalos de seis horas. Na era atual da Internet, não é prático descarregar os dados manualmente, de seis em seis horas. Automatizar o download dos dados do GFS e alimentá-los no pipeline é uma tarefa bastante simples com as APIs existentes.

O GNU Wget é um utilitário gratuito para extrair ficheiros da Web. Suporta os protocolos HTTP (Hyper Text Transfer Protocol), HTTPS (Hyper Text Transfer Protocol over Secure Socket Layer) e FTP (File Transfer Protocol), bem como a recuperação através de proxies HTTP. As distribuições UNIX mais recentes vêm com o Wget pré-instalado. O Wget aceita um único argumento de linha de comando do URL HTTP/FTP a ser obtido. Em seguida, ele baixa o arquivo especificado pela URL. Abaixo está um exemplo de como usar o utilitário Wget.

wget http://soostrc.comet.ucar.edu/data/grib/gfs/20140217/grib.t00z/14021700.gfs.t00z.pgrb2f00

Toda esta automatização pode ser agrupada num módulo escrito em shell script, Python ou qualquer outra linguagem de programação com que o utilizador se sinta confortável. O script deve pesquisar o URL esperado do ficheiro de dados meteorológicos cronologicamente sucessivos e tratar a exceção lançada se o URL não puder ser resolvido.

A Fig. 22 abaixo mostra o funcionamento do comando Wget.

O SOO STRC (SOO Science and Training Resource Center) aloja os dados GFS GRIB2 que são actualizados de seis em seis horas. Os dados podem ser consultados em http://soostrc.comet. ucar.edu/ data/grib/gfs/.

Fig. 21 Utilização do Wget para descarregar dados meteorológicos

2.2 Processamento de dados - O modelo de investigação e previsão meteorológica (WRF)

De acordo com os seus criadores, "o modelo WRF (Weather Research and Forecasting) é um sistema de previsão numérica do tempo de mesoescala da próxima geração, concebido para servir tanto a investigação atmosférica como as necessidades de previsão operacional". O desenvolvimento do modelo WRF começou na década de 1990 como resultado da colaboração entre várias organizações americanas - o Centro Nacional de Investigação Atmosférica (NCAR), a Administração Nacional Oceânica e Atmosférica (NOAA), a Agência Meteorológica da Força Aérea (AFWA), o Laboratório de Investigação Naval, a Universidade de Oklahoma e a Administração Federal da Aviação (FAA).

2.2.1 O modelo de investigação e previsão meteorológica

O nome Weather Research and Forecasting System (Sistema de Investigação e Previsão Meteorológica) é utilizado para designar um conjunto de aplicações fracamente acopladas que desempenham uma série de funções, desde a assimilação de dados à visualização, desenvolvidas e mantidas por diferentes organizações em todo o mundo. O núcleo da estrutura, o solucionador numérico, tem duas versões principais - o Advanced Research WRF (ARW), mantido pela Divisão de Meteorologia de Mesoescala e Microescala do NCAR e o Nonhydrostatic Mesoscale Model (WRF-NMM), que é mantido pela NOAA e pelo Developmental Testbed Center (DTC). Este livro abordará apenas o WRF-ARW, uma vez que este é o solver que está a ser utilizado no quadro. A Fig. 23, cortesia da UCAR, mostra uma visão geral dos diferentes componentes que constituem o sistema WRF e o ARW.

O sistema WRF, tal como indicado acima, é composto por três secções principais, tal como descrito abaixo:

- **Sistema de Pré-processamento do WRF** - São necessárias fontes de dados externas como entrada para a primeira etapa - o Sistema de Pré-processamento do WRF. A estrutura construída fornece uma forma conveniente de obter e organizar os dados para utilização pelo WRF na etapa de Assimilação de Dados (explicada no Capítulo 2.1). Nesta etapa, os dados são descompactados dos ficheiros de origem e devidamente organizados para permitir uma recuperação rápida durante o cálculo. Além disso, os dados de diferentes fontes são interpolados aqui. Assim, dada uma coordenada geográfica, torna-se fácil extrair as condições atmosféricas (obtidas de diferentes fontes) nesse local. O próximo capítulo fornecerá uma visão mais aprofundada dos passos de inicialização efectuados aqui.
- **WRF ARW** - Como mencionado acima, este é o componente mais importante do sistema WRF. Fornece uma série de inicializações padrão para condições atmosféricas ideais, a fim de simular casos ideais, e também fornece as funções de configuração necessárias para executar simulações reais. O WRF ARW é um dos modelos climáticos mais avançados desenvolvidos atualmente.
- **Pós-processamento e visualização** - O principal pós-processamento que ocorre na saída do WRF é a visualização. Há uma série de aplicações que podem visualizar

os dados produzidos pelo WRF. Algumas delas, como a NCAR Command Language (NCL), são ferramentas de visualização genéricas que não são específicas do WRF e são projectos de grande dimensão, enquanto outras, como a RIP4, foram criadas para a visualização de dados do WRF em particular. Para além da visualização, por vezes outras aplicações, como as ferramentas de avaliação de modelos (MET), podem ser executadas nos resultados do WRF. Estas ferramentas podem avaliar o modelo comparando os resultados simulados com os resultados observados.

As subsecções seguintes apresentam mais pormenores sobre cada um dos componentes acima referidos.

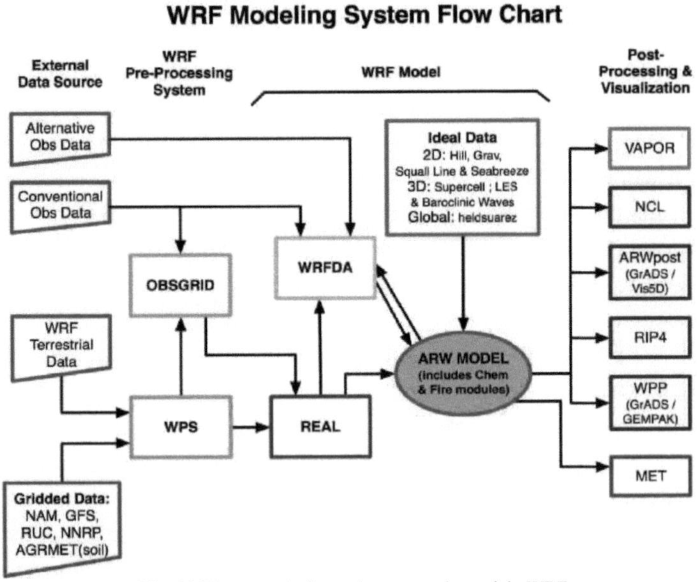

WRF Modeling System Flow Chart

Fig. 22 Diagrama de fluxo abrangente do modelo WRF

2.2.1.1 O sistema de pré-processamento do WRF

O sistema de pré-processamento do WRF (WPS) é um conjunto de três programas interdependentes (geogrid, ungrib e metgrid) cujo papel coletivo é processar os dados meteorológicos e transformá-los num formato pronto para simulações de dados reais. Os programas são executados num pipeline linear pela ordem - geogrid, ungrib e metgrid.

O modelo climático WRF requer informações geográficas estáticas sobre o terreno terrestre, que podem ser obtidas em http://www.mmm.ucar.edu/wrf/src/wps Files/. O Geogrid define os domínios de simulação e interpola os dados geográficos estáticos para o domínio de simulação.

O Ungrib descompacta os ficheiros de dados meteorológicos em formato GRIB e o metgrid efectua uma interpolação horizontal dos dados meteorológicos no domínio de simulação especificado pelo geogrid. O trabalho de interpolação vertical dos dados meteorológicos para os níveis eta do WRF é efectuado na fase seguinte do pipeline do WRF e não é realizado pelo WPS. O fluxo de dados entre os programas da WPS é mostrado na Fig. 24 abaixo.

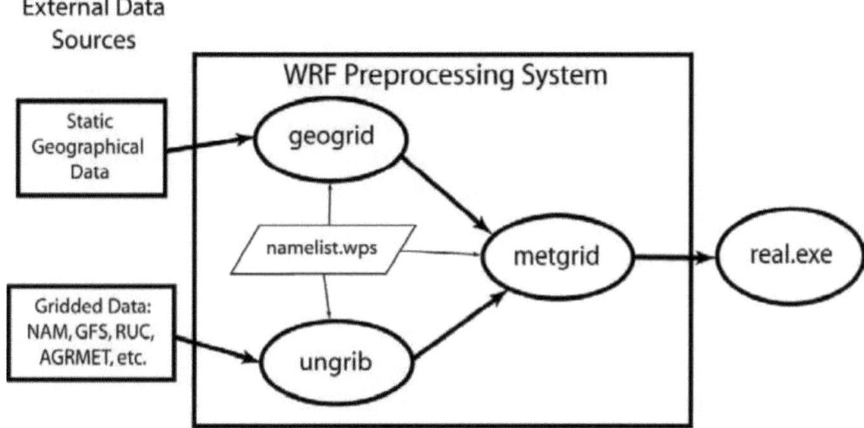

Fig. 23 Esquema WPS

O Geogrid, o ungrib e o metgrid lêem os parâmetros de simulação a partir de um ficheiro de lista de nomes comum. Este ficheiro de lista de nomes tem registos de lista de nomes separados para cada um dos programas e um registo de lista de nomes partilhado, que define parâmetros que são utilizados por mais de um programa WPS.

Para além dos ficheiros namelist, o geogrid, o ungrib e o metgrib têm ficheiros de tabela individuais (.TBL) que fornecem controlo adicional sobre o funcionamento de cada um destes módulos. Os pormenores destes ficheiros estão fora do âmbito deste livro e o leitor é encorajado a procurar os pormenores dos mesmos para compreender melhor o funcionamento do WPS como um todo.

A principal funcionalidade da geogrelha consiste em definir os domínios de simulação e interpolar os dados terrestres para a grelha do modelo.

Para além de efetuar o cálculo da latitude, longitude e factores de escala do mapa em cada ponto da grelha, o geogrid também efectua várias outras interpolações que afectam o resultado da previsão meteorológica, tais como categorias de solo, categoria de utilização do solo, altura do terreno, temperatura média anual do solo profundo, fração mensal de vegetação, albedo mensal, albedo máximo da neve e categoria de declive para as grelhas do modelo por defeito.

O programa ungrib lê ficheiros GRIB, "desclassifica" os dados e transforma-os num formato intermédio simples. Os ficheiros GRIB contêm campos meteorológicos variáveis no tempo. Utiliza tabelas variáveis (Variable Tables ou Vtables) para definir quais os campos a extrair do ficheiro GRIB e a escrever no formato intermédio.

O programa metgrid interpola horizontalmente os dados meteorológicos de formato intermédio gerados pelo programa ungrib para o domínio de simulação definido pelo geogrid. A saída interpolada do metgrid pode então ser ingerida pelo programa real do WRF que efectua as simulações meteorológicas reais.

2.2.1.2 Investigação avançada WRF (ARW)

O WRF ARW foi concebido para ser um sistema de simulação atmosférica flexível e de última geração, portátil e eficiente nas plataformas de computação paralela disponíveis. O ARW é adequado para utilização numa vasta gama de aplicações em escalas que vão desde metros a milhares de quilómetros. Foi concebido para ser utilizado numa vasta gama de aplicações, incluindo:

- Previsão do tempo
- Previsão de furacões
- Simulações idealizadas
- Ensino

Casos reais:

Para compreender a forma como os casos reais são inicializados, é importante compreender a função do Sistema de Pré-processamento do WRF, descrito na subsecção anterior.

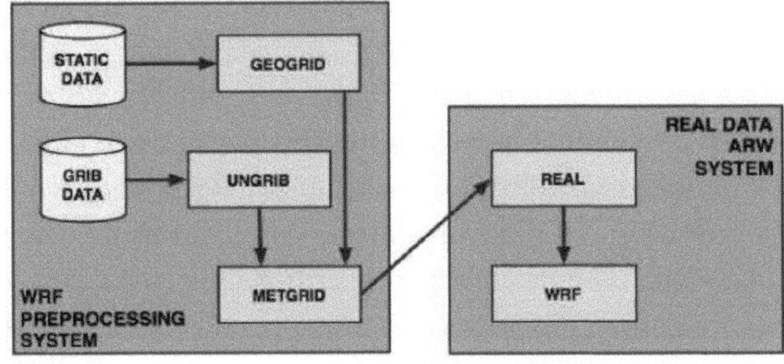

Fig. 24 Diagrama de blocos mostrando o canal de comunicação entre a WPS e a ARW

O funcionamento pormenorizado da WPS já foi descrito. Em resumo, interpola os dados geográficos do conjunto de dados para a grelha escalonada criada para a simulação. Em seguida, descompacta os dados meteorológicos dos ficheiros GRIB e interpola horizontalmente esses dados também para a grelha.

Utilizando este estado inicial, o estado de referência da simulação é calculado assumindo que a atmosfera está seca e negligenciando os efeitos da humidade. Estes dados são então interpolados verticalmente para obter a temperatura potencial e o rácio de mistura. Estes dados calculados são depois utilizados para adicionar os efeitos da humidade em todo o sistema para obter o que se designa por Estado de Perturbação.

A última função importante que é efectuada na inicialização é a definição das condições de fronteira laterais. Uma vez que as simulações são normalmente efectuadas numa área limitada da superfície terrestre, é necessário definir com precisão as condições nos limites dessa área, de modo a prever os futuros padrões meteorológicos. Uma forma de obter estes valores é simplesmente interpolar os valores de fronteira no início e no fim de um único intervalo de tempo. No entanto, este é um método bastante ingénuo. Na prática, há uma série de métodos precisos que são utilizados para melhor estimar as condições de fronteira. O ARW implementa o seguinte:

- Condições de fronteira laterais periódicas
- Condições de fronteira lateral aberta
- Condições de fronteira laterais simétricas
- Condições de fronteira laterais especificadas
- Condições polares

A forma como cada uma destas condições é tratada está para além do âmbito deste livro. O ARW também é capaz de várias funções úteis, tais como nesting, dispersão de grelha, esquemas microfísicos programáveis, parametrização de cumulus, radiação atmosférica, etc., que também estão para além do âmbito deste livro. Os autores recomendam vivamente a leitura do guia detalhado do WRF ARW (Fig. 26) [7] para obter uma visão holística do modelo climático.

Fig. 25 O guia do utilizador oficial do WRF ARW
Fonte: http://www2.mmm.ucar.edu/wrf/users/docs/user_guide_V3/ARWUsersGuideV3.pdf

2.2.2 Abordagens para a visualização dos resultados do WRF

2.2.2.1 Linguagem de Comando NCAR (NCL)

A NCL é uma linguagem interpretada especial desenvolvida pelo NCAR com o único objetivo de visualização de dados atmosféricos. Fornece uma interface para a biblioteca NCAR Graphics, que fornece primitivas gráficas de baixo nível para a geração de contornos, vectores, linhas de fluxo, gráficos X-Y e muito mais. Com o NCL, todas essas funções podem ser implementadas em linhas simples de código. Além disso, a NCL fornece capacidades robustas de leitura/escrita de ficheiros e facilita a utilização do conjunto de visualização por não programadores.

A Fig. 26 mostra um gráfico NCL típico das tendências de precipitação e da precipitação total no sul da Ásia. Esta é uma projeção Lambert Conformal, e é apenas uma das muitas projecções e gráficos que a linguagem pode tratar.

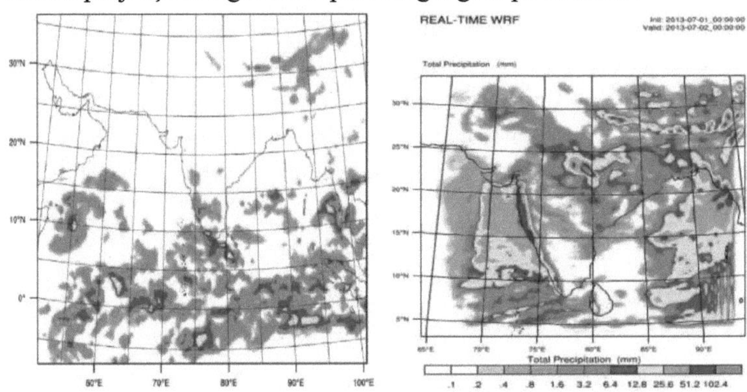

Fig. 26 Tendência da precipitação (esquerda) e precipitação total (direita) na Ásia do Sul

2.2.2.2 Plataforma de visualização e análise para investigadores dos oceanos, da atmosfera e do sol (VAPOR)

O VAPOR é um conjunto de ferramentas de visualização de ponta desenvolvido pela UCAR. Fornece uma visualização 3D interactiva de dados atmosféricos. As visualizações criadas pelo VAPOR podem ser estudadas em 3D e os parâmetros podem ser alterados dinamicamente.

O VAPOR facilita muito o trabalho com o WRF, permitindo que os ficheiros de saída do WRF-ARW sejam diretamente introduzidos na GUI do VAPOR sem necessidade de qualquer conversão explícita. No entanto, conjuntos de dados muito grandes podem causar problemas de desempenho no VAPOR se forem importados diretamente. Para resolver este problema, o VAPOR fornece um formato de ficheiro especial chamado VAPOR VDF. Os resultados do WRF são primeiro convertidos para este formato, criando um ficheiro .vdf. Este é então carregado no VAPOR para uma visualização eficiente.

O VAPOR é muito fácil de utilizar, uma vez que fornece uma GUI a partir da qual todas as suas funcionalidades podem ser controladas. A Fig. 28 mostra a GUI predefinida da VAPOR.

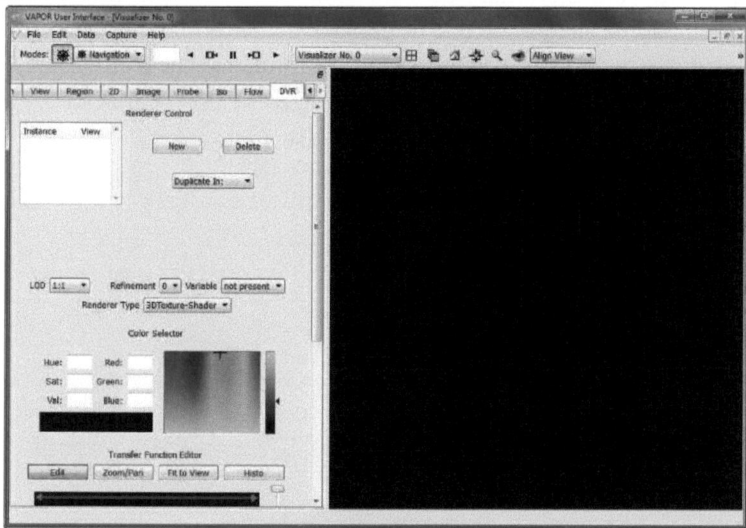

Fig. 27 Vapor GUI

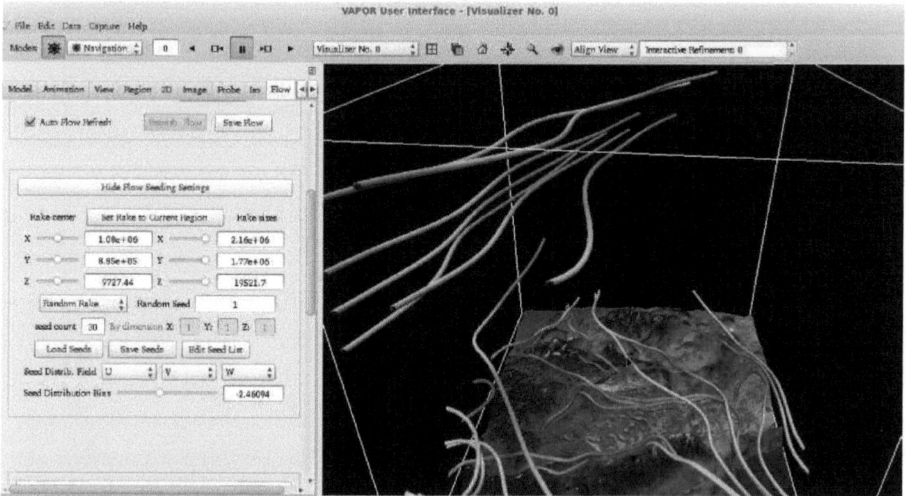

Fig. 28 Padrões de fluxo de vento 3D sobre as Montanhas Rochosas na América do Norte gerados pelo VAPOR

2.2.3 Previsão de ciclones

A capacidade de previsão meteorológica do modelo climático WRF tem sido objeto de um estudo sólido. Este capítulo abordará a forma de tirar partido dos resultados das previsões do WRF para prever ciclones. O modelo WRF gera ficheiros binários da ordem de vários gigabytes. Escrever código para analisar o ficheiro binário e extrair informação significativa é extremamente complicado. A biblioteca NetCDF

tem um módulo chamado ncdump, capaz de converter os ficheiros de saída binários gerados pelo WRF para um formato de texto simples. Os formatos de texto simples são muito mais simples de analisar do que os grandes ficheiros binários.
O módulo ncdump pode ser utilizado da seguinte forma na janela da shell UNIX:

ncdumpwrf_output_binary_file > plain_text_file.txt

O resultado é um ficheiro de texto simples com o seguinte aspeto

```
netcdfwrfout_output_binary_file {
dimensions:
Time = UNLIMITED ; // (13 currently)
DateStrLen = 19 ;
west_east = 73 ;
south_north = 60 ;
bottom_top = 27 ;
bottom_top_stag = 28 ;
soil_layers_stag = 4 ;
west_east_stag = 74 ;
south_north_stag = 61 ;
variables:
char Times(Time, DateStrLen) ;
float LU_INDEX(Time, south_north, west_east) ;
LU_INDEX:FieldType = 104 ;
LU_INDEX:MemoryOrder = XY ";
LU_INDEX:description = LAND USE CATEGORY";
LU_INDEX:units = ";
LU_INDEX:stagger = ";
LU_INDEX:coordinates = XLONG XLAT";
float ZNU(Time, bottom_top) ;
ZNU:FieldType = 104 ;
ZNU:MemoryOrder = Z  ";
ZNU:description = eta values on half (mass) levels";
ZNU:units = ";
ZNU:stagger = ";
float ZNW(Time, bottom_top_stag) ;
ZNW:FieldType = 104 ;
ZNW:MemoryOrder = Z  ";
ZNW:description = eta values on full (w) levels";
```

ZNW:units = '';

ZNW:stagger = Z'';

float ZS(Time, soil_layers_stag) ;

ZS:FieldType = 104 ;

ZS:MemoryOrder = Z '';

ZS:description = DEPTHS OF CENTERS OF SOIL LAYERS'';

ZS:units = fn'';

ZS:stagger = Z'';

..

..

..

..

LU_INDEX =

16, 16, 16, 16, 16, 16, 16, 16, 16, 16, 16, 16, 16, 16, 16, 16, 16, 16, 16,

16, 16, 16, 16, 16, 16, 16, 16, 16, 16, 16, 9, 9, 7, 8, 8, 19, 16, 19, 8,

8, 8, 8, 8, 8, 8, 8, 7, 7, 7, 8, 7, 7, 8, 7, 7, 7, 8, 8, 8, 8, 8, 8, 8,

8, 8, 8, 8, 8, 8, 8, 7, 7, 8,

..

..

..

Este ficheiro de texto contém todos os metadados e dados relevantes para cada variável. Pode ser escrito um analisador simples para este ficheiro de texto para extrair os metadados e dados relevantes para qualquer variável à escolha do utilizador.

A partir da Tabela. 4 no Capítulo 1.1.1, é evidente que os ciclones são classificados com base nas suas velocidades do vento. A previsão de um ciclone iminente com base na velocidade do vento é, portanto

um método viável. O modelo WRF pode ser utilizado para executar previsões meteorológicas até 3 dias no futuro e os ficheiros de saída WRF gerados a partir desta previsão podem ser utilizados para prever um ciclone iminente. A abordagem de análise de texto simples descrita acima pode ser utilizada para extrair as velocidades do vento nas direcções x,y e z e a magnitude do vetor pode ser calculada em cada ponto da grelha de simulação.

Os vórtices de vento de alta velocidade podem então ser identificados e classificados nas categorias de ciclones enumeradas na Tabela. 4. Os alertas intuitivos de ciclones podem então ser gerados no vernáculo local utilizando as técnicas de visualização descritas no Capítulo 2.2.2, indicando a intensidade do ciclone e a sua hora estimada de landfall. Os vórtices ciclónicos gerados são intuitivos para o observador e a incorporação de informações textuais sobre o ciclone (a intensidade e a hora estimada de landfall) no vernáculo local pode servir para fornecer informações vitais.

2.3 Um instalador gráfico para o modelo WRF e suas implicações

O modelo WRF envolve um procedimento de instalação complicado, que exige um conhecimento profundo do sistema operativo UNIX e das suas aplicações associadas. Isto torna difícil para o utilizador médio tirar partido das capacidades do modelo para previsões meteorológicas genéricas.

No Capítulo 1.2, vimos que a potência computacional tem aumentado exponencialmente ao longo dos anos, o que torna os cálculos de megaflop em PCs de secretária normais uma norma. Assim, um procedimento de instalação do WRF adaptado e simplificado para PCs genéricos baseados em UNIX contribuirá muito para expor o modelo WRF a um público mais vasto, encorajando a sua utilização em aplicações novas e inovadoras. Este capítulo explica um desses instaladores baseados em GUI para o modelo climático WRF, capaz de construir e compilar todo o modelo a partir da sua fonte.

A funcionalidade do modelo climático WRF está disponível e limitada aos sistemas operativos baseados em UNIX. Cada passo, desde a instalação e configuração até à visualização dos resultados da simulação, exige que os utilizadores possuam alguns conhecimentos básicos sobre como utilizar eficazmente qualquer sistema operativo popular baseado em UNIX.

É muito raro que as pessoas que prosseguem estudos no domínio do clima ou da física atmosférica, que constituem a maioria da base de utilizadores deste modelo climático, tenham os conhecimentos necessários mesmo nos mais famosos sistemas operativos baseados em UNIX, como o Linux.

Existem outras aplicações GUI para o modelo climático WRF que permitem executar os núcleos WRF NMM e ARW, como o WRF-Portal (http://wrfportal.org). No entanto, esta aplicação não fornece a funcionalidade da configuração e instalação do modelo WRF.

Além disso, pressupõe que o utilizador tem um bom conhecimento das funcionalidades subjacentes ao modelo WRF, como a ordem de execução dos componentes do pré-processador e os vários parâmetros da lista de nomes. Além disso, não inclui o pós-processamento dos ficheiros de saída do WRF.

A aplicação de que trata este capítulo fornece ao utilizador a funcionalidade de instalar todo o modelo climático WRF e as suas dependências com um simples clique num botão. A aplicação consiste numa GUI frontal com um único botão de instalação (Fig. 30) que, quando clicado, chama um script shell em segundo plano, que executa todo o procedimento de instalação. Durante este tempo, a GUI notifica o utilizador sobre a fase em que se encontra a instalação e dá uma estimativa de quanto da instalação foi concluída (Fig. 31). A GUI foi concebida para imitar o processo de instalação num sistema operativo Windows, com o qual a maioria dos utilizadores está familiarizada.

Fig. 29 Primeiro ecrã do WRFInstall

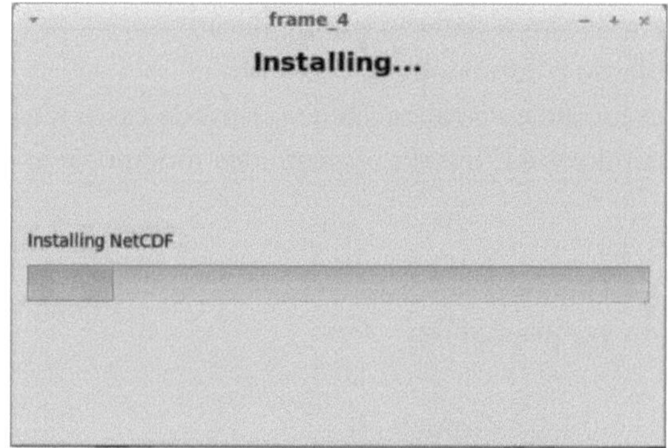

Fig. 30 Barra de progresso do WRFInstall

Além disso, para que o utilizador possa ter uma ideia do que o modelo climático é capaz de fazer, o pacote de software tem um ecrã GUI frontal adicional associado a scripts de retaguarda para compilar, executar e visualizar cinco casos ideais diferentes do WRF ARW. O ecrã GUI para a seleção da simulação do caso ideal (Fig. 32) consiste numa descrição de cada caso ideal, a partir da qual o utilizador pode selecionar e executar o caso da sua escolha. O pacote pode executar os seguintes casos ideais:

- em_hill2d_x
- em_quarter_ss
- em_b_wave
- em_squall_x
- em_grav2d_x

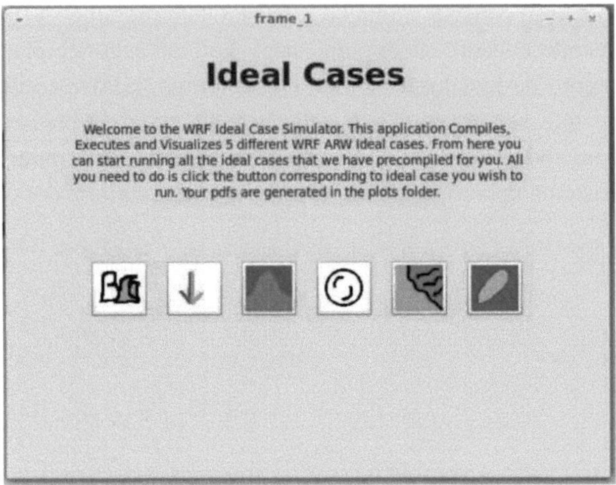

Fig. 31 Ecrã do caso ideal do WRFInstall

A aplicação do Instalador Gráfico é constituída por três componentes principais:

- O script de compilação, instalação e compilação
- GUI para instalação e descrições de casos ideais
- Compilação, execução e visualização de scripts de casos ideais

O script de instalação do WRF instala os seguintes módulos e as suas dependências associadas:

- WRF Versão 3.4.1
- WPS Versão 3.4.1
- WRFChem 3.4.1 (se disponível)
- NetCDF 4.0.1
- NCL - NCARG 6.0.1 (se disponível)

O guião de instalação e compilação foi programado em shell script. Consiste numa sequência de comandos bash que descompactam e desempacotam os vários módulos do WRF e executam os comandos necessários para os compilar e instalar.

O processo de instalação segue o seguinte fluxo de execução:

- Obtendo dependências do WRF da internet usando o aptitude
- Descompactar o NetCDF e executar os ficheiros make necessários
- Descompactar os gráficos NCAR e extraí-los para uma localização adequada
- Definição das variáveis de ambiente necessárias para a instalação do WRF ARW
- Desempacotar os ficheiros geográficos e meteorológicos e extraí-los para um local adequado.
- Descompactar os ficheiros WRFV3 e configurar a instalação de acordo com as especificações do sistema
- Compilação dos ficheiros relevantes para uma simulação de caso real

• Desempacotar os ficheiros WPS e configurar a instalação de acordo com as especificações do sistema

• Compilação dos ficheiros WPS necessários

O diagrama de fluxo da instalação da WRF é descrito na Fig. 33 abaixo.

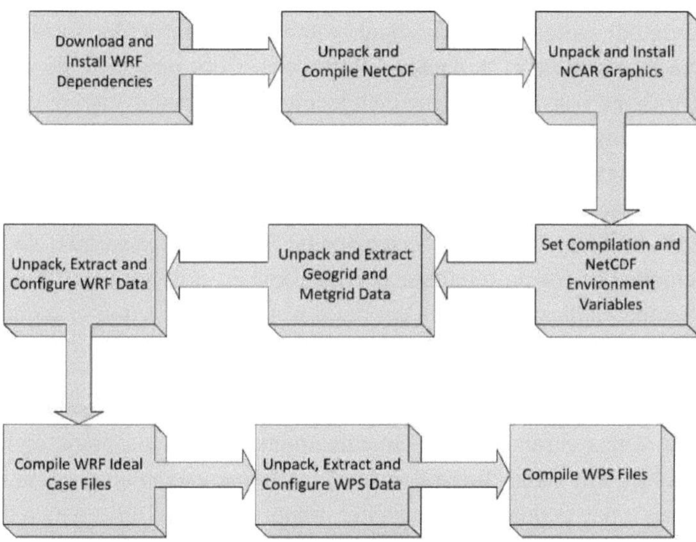

Fig. 32 Diagrama de fluxo do WRFInstall

Todos os ecrãs GUI foram implementados utilizando a linguagem de programação Python e a biblioteca WxPython. O ecrã GUI chama o script de instalação utilizando uma chamada de sistema Python Sub Process. Isto faz com que o script shell acima seja executado numa thread paralela juntamente com a GUI em primeiro plano. O estado da instalação é obtido utilizando mecanismos IPC (Inter Process Communication) entre a GUI e o script de instalação e apresentado ao utilizador através de uma barra de conclusão de estado.

A aplicação GUI do WRF, quando executada novamente após a instalação, detecta automaticamente a presença de uma instalação do WRF. Em seguida, apresenta um ecrã GUI inicial, que fornece uma panorâmica dos casos ideais do WRF em geral. A seleção de um caso ideal específico descreve em pormenor as caraterísticas do caso ideal. Por baixo da descrição, é apresentada uma opção para compilar e executar o caso ideal. Esta opção compila, simula e visualiza os resultados da simulação.

As implicações de um instalador tão fácil de utilizar para o modelo WRF são muitas e excitantes. O alcance de um modelo climático tão poderoso pode multiplicar-se. Os estudantes universitários podem utilizar este software para desenvolver as suas próprias aplicações para resolver problemas neste domínio, como o que é abordado neste livro.

2.4 Divulgação de dados

Uma vez que o modelo WRF tenha sido executado com base nos padrões meteorológicos actuais e que seja evidente que um ciclone se aproximará de uma determinada zona costeira nos próximos dias, as aplicações de divulgação assumem o controlo, procurando transmitir o alerta ao maior público possível para o qual essa informação seja relevante. Ficou claramente estabelecido que a plataforma digital com maior penetração na Índia é, de facto, o telemóvel. Com uma base de assinantes de mais de 930 milhões, o sistema indiano de telecomunicações móveis é o segundo maior do mundo. O sistema de mensagens multimédia (MMS) foi escolhido como o modo preferido de divulgação, uma vez que a grande maioria dos telemóveis atualmente utilizados tem capacidade para MMS e que o MMS fornece indicações visuais claras sobre a gravidade de um ciclone. A componente final do sistema trata da difusão do alerta de ciclones através da telefonia móvel. Existem dois sistemas atualmente em desenvolvimento. Analisaremos cada um deles nas subsecções que se seguem

2.4.1 Modelo do utilizador final

Neste método, os alertas são fornecidos diretamente aos utilizadores finais - os habitantes das zonas rurais que são imediatamente afectados pelos ciclones. Este sistema estabelece um canal direto dos servidores que executam a estrutura para os habitantes rurais e não depende de quaisquer organizações terceiras para a divulgação.

Qualquer pessoa que deseje receber alertas deve registar o seu número de telefone na lista de subscrição. Quando é necessário enviar alertas de ciclones, o servidor utiliza automaticamente um modem móvel para enviar mensagens a todos os subscritores utilizando uma ligação telefónica móvel normal. Estas mensagens seguem então o caminho normal que qualquer outra mensagem segue - para o fornecedor de serviços e depois para os telemóveis dos utilizadores.

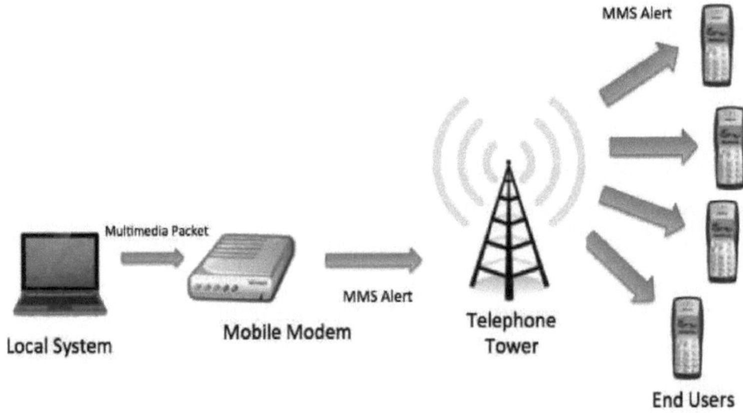

Fig. 33 Esquema do modelo de difusão de dados do utilizador final

Vantagens:

A vantagem de um sistema deste tipo é imediatamente evidente - os administradores dos servidores têm o controlo total de toda a cadeia de distribuição. Isto permite-lhes ter controlo sobre quem recebe as mensagens. Além disso, não é necessária a sincronização com outras organizações, o que torna o sistema mais simples e fácil de operar.

Desvantagens:

Este sistema tem, no entanto, desvantagens consideráveis. Em primeiro lugar, é necessário reunir os números de telemóvel de todas as potenciais vítimas de ciclones. Este será um projeto enorme, uma vez que a Índia tem uma linha costeira de mais de 7.500 km.

Além disso, este sistema não é escalável. Uma vez que depende de uma única ligação móvel (ou de um pequeno número de ligações simultâneas) para enviar mensagens a um grande público, conduz a estrangulamentos no processo de difusão.

Resumo:

A análise acima mostra que um sistema deste tipo é ideal para um protótipo, mas não pode ser utilizado de forma fiável num ambiente de produção. Assim, este sistema está a ser utilizado para testar a estrutura num público reduzido. Por exemplo, os estudantes de um campus universitário. Isto permitirá que o resto do quadro - a assimilação e o processamento - seja testado exaustivamente num conjunto controlado de utilizadores. Tudo isto pode ser feito sem praticamente nenhum investimento para a assimilação.

2.4. 2Modelo de organização:

Neste modelo, os alertas sob a forma de mensagens MMS são gerados, mas não são enviados através da rede móvel como uma MMS. Em vez disso, são enviados através da Internet para organizações que trabalham de perto com os habitantes da costa. Podem ser organizações governamentais, como a guarda costeira, ou mesmo organizações privadas, como os fornecedores de serviços telefónicos. Estas organizações utilizam então os seus mecanismos de divulgação normais para alertar a população vulnerável.

Trabalhar:

As organizações que gostariam de receber alertas meteorológicos exactos inscrevem-se no serviço. Quando um ciclone está iminente, os alertas são agrupados numa mensagem multimédia e carregados num servidor Web. As organizações subscritoras podem então descarregar esta mensagem e utilizar os seus meios de comunicação para alertar a população necessária. Pode ser através do seu próprio sistema de mensagens móveis, de anúncios televisivos ou mesmo de sistemas de altifalantes instalados na costa.

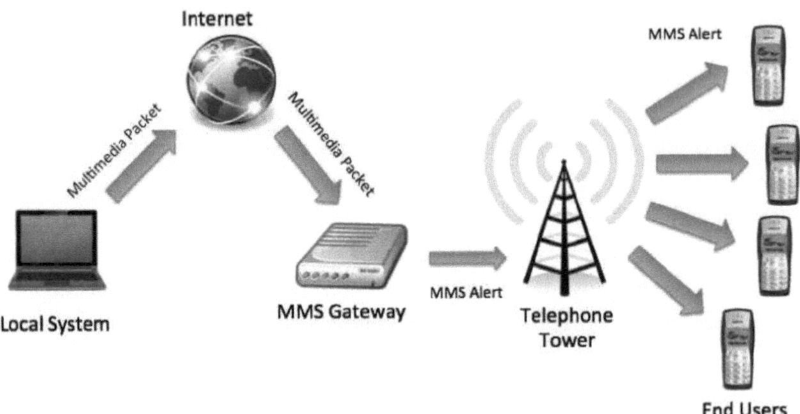

Fig. 34 Esquema do modelo de disseminação de dados da organização

Vantagens:

Este método é muito mais escalável do que o modelo anterior. Ao fornecer os alertas como um download na Internet, qualquer número de organizações pode ser autorizado a obter os dados sem quaisquer recursos adicionais consideráveis.

As organizações locais também têm uma melhor compreensão das necessidades da comunidade local e da forma como esta responderá melhor aos diferentes meios de comunicação.

Este método não requer o contacto com os próprios habitantes da costa, mas sim com as organizações locais que são muito mais acessíveis e que, presumivelmente, têm melhores canais de comunicação com a comunidade local.

Desvantagens:

A inclusão de terceiros no processo de disseminação neste método tem as suas próprias desvantagens. Em primeiro lugar, não há forma de garantir que as mensagens enviadas às organizações tenham sido corretamente divulgadas junto do público necessário. Garantir isso neste sistema é quase impossível. Em segundo lugar, envolver organizações como a guarda costeira ou os prestadores de serviços não é uma tarefa fácil. As organizações governamentais têm uma burocracia governamental considerável e as organizações privadas não vão apoiar ideias que não as beneficiem.

Resumo:

Este método requer um esforço considerável para ser implementado - conseguir a adesão do maior número possível de organizações e assegurar que estas dispõem de um procedimento de divulgação funcional. No entanto, uma vez implementado, o modelo é muito mais escalável do que o outro. Também pode chegar a um público muito mais vasto sem demasiadas modificações na retaguarda. Este modelo será ideal para ser implementado num ambiente de produção.

CAPÍTULO 3

3 Implementação e teste do quadro

O capítulo anterior debruçou-se sobre as especificidades teóricas de um quadro para gerar e divulgar alertas meteorológicos extremos em grande escala. No entanto, não apresentou qualquer descrição do quadro em ação para avaliar o seu desempenho e robustez. O objetivo deste capítulo é fazer isso mesmo, com três casos de utilização do mesmo quadro para identificar fenómenos meteorológicos extremos díspares em todo o mundo.

3.1 Ciclone Phailin

O ciclone Phailin (llth-12th October 2013) foi um dos maiores a atingir a Índia em mais de uma década e foi amplamente estudado pelos departamentos de meteorologia [8, 9, 10]. Foi classificado pelo Departamento Meteorológico da Índia como uma tempestade ciclónica muito grave e classificado como ciclone tropical de categoria 5. Afectou mais de 12 milhões de pessoas na Índia e nos países vizinhos de Myanmar, Tailândia e Nepal. Apesar de Apesar da enorme dimensão do ciclone Phailin, o número de mortos na Índia foi de apenas 23. Isto deveu-se à evacuação de cerca de 800 000 pessoas num curto espaço de tempo de 48 horas. Para facilitar uma evacuação em tão grande escala num período de tempo tão curto, teriam sido necessárias previsões altamente exactas elaboradas com bastante antecedência. O Departamento Meteorológico Indiano foi capaz de o fazer utilizando os seus sistemas de previsão meteorológica de última geração. Simultaneamente, ao receber relatórios preliminares de um ciclone iminente, o quadro descrito até agora foi posto à prova. O domínio de simulação é mostrado na Fig. 36 abaixo.

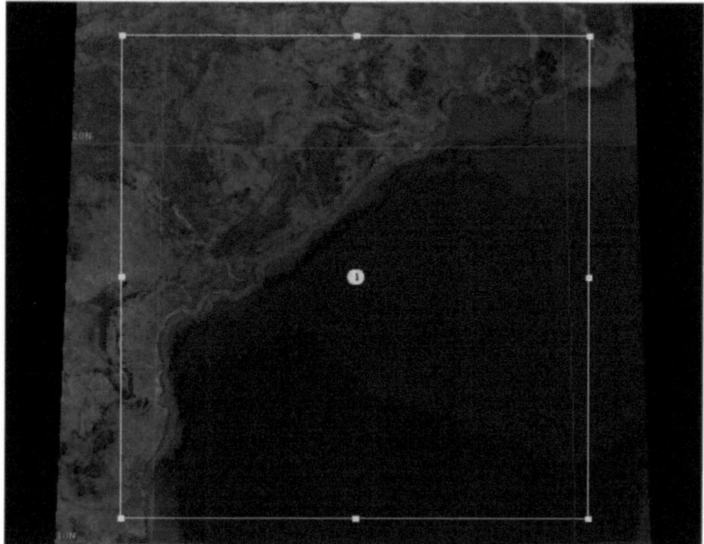

Fig. 35 Domínio de simulação do ciclone Phailin

A cronologia adequada (2013-10-11_00:00:00 - 2013-19-12_12:00:00) foi definida nos ficheiros namelist.wps e namelist.input e a simulação foi iniciada. A Fig.

37 abaixo mostra o resultado da simulação (tendência da precipitação e contornos da velocidade do vento).

Os resultados obtidos foram surpreendentemente exactos, como se pode ver comparando os resultados gerados com a progressão real do ciclone Phailin na Fig. 38 abaixo.

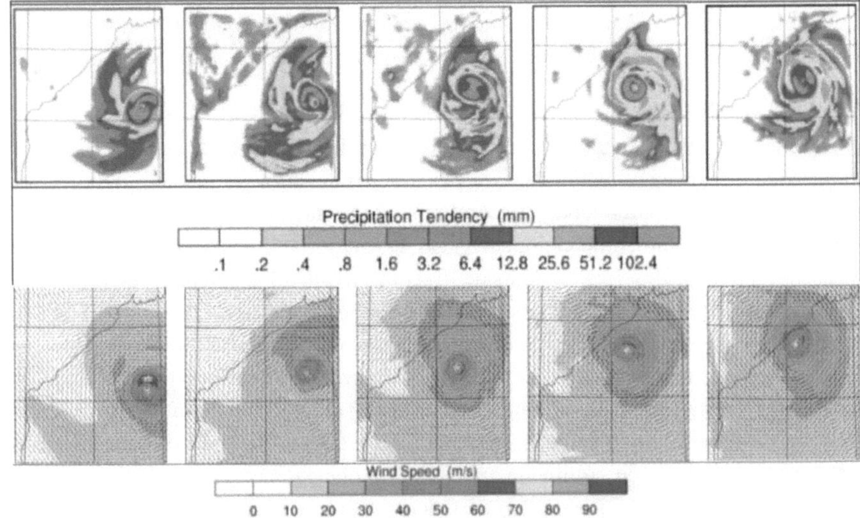

Fig. 36 Corrida de Phailin

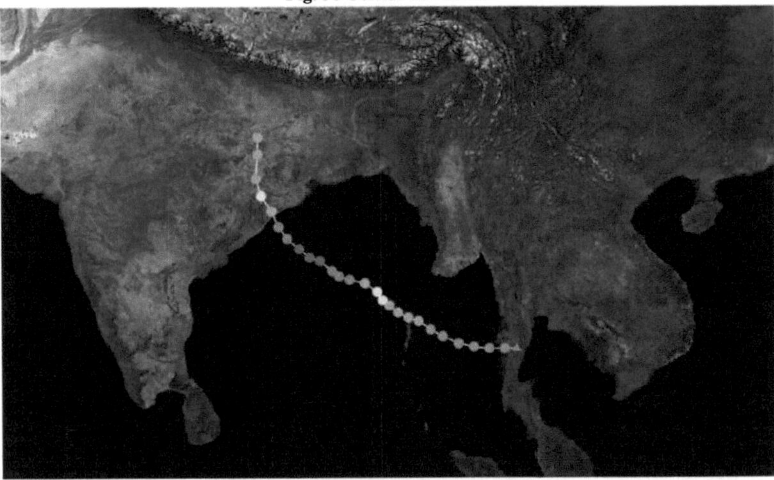

Fig. 37 Progressão real do ciclone Phailin

A Fig. 37 mostra claramente que é possível gerar visualizações da tempestade ciclónica em cada passo de tempo da simulação. As imagens geradas podem ser transformadas num alerta MMS através da incorporação de texto indicativo da intensidade do ciclone e da hora prevista de aterragem. A Fig. 39 mostra um desses alertas gerados para o ciclone Phailin.

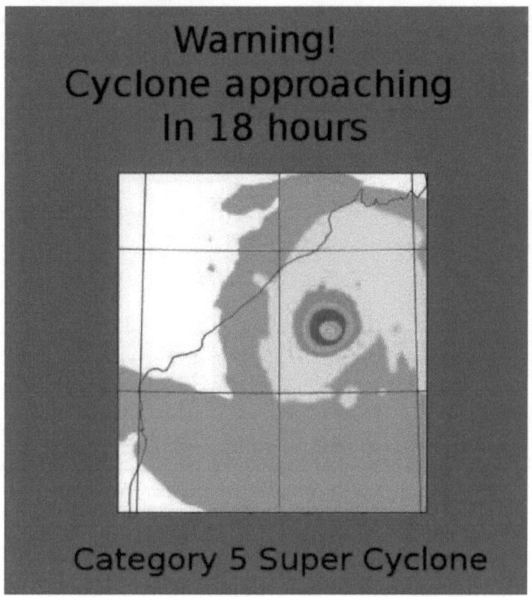

Fig. 38 Alerta de MMS de amostra do ciclone Phailin

3.2 Tufão Haiyan

O quadro em discussão foi capaz de seguir a progressão da génese e o landfall do ciclone Phailin com a máxima precisão. A única diferença entre seguir um ciclone que ocorre no subcontinente indiano e em qualquer outra parte do mundo é o domínio de simulação representado na Fig. 40. Se se mudasse o domínio de simulação para qualquer outro local do globo, o quadro funcionaria com a mesma precisão. Esta teoria foi testada utilizando o quadro para simular um tufão de grandes dimensões que atingiu as Filipinas no dia 8th de novembro de 2013.

O tufão Haiyan, também conhecido como tufão Yolanda nas Filipinas, foi um ciclone tropical extremamente poderoso que devastou partes do Sudeste Asiático e das Filipinas, em 8 de novembro de 2013. Foi registado como o tufão filipino mais mortífero de sempre, matando mais de 6 268 pessoas nas Filipinas.

O tufão Haiyan surgiu de um sistema de baixa pressão a algumas centenas de quilómetros a leste-sudeste de Pohnpei, nos Estados Federados da Micronésia. As condições ambientais ajudaram a intensificar o sistema de baixa pressão, transformando-o numa verdadeira tempestade ciclónica no dia 4th de novembro de 2013. A intensificação continuou ao longo da semana e foi finalmente classificada como um super tufão de categoria 5 na escala de ventos de furacões de Saffir-Simpson.

O domínio de simulação selecionado para esta simulação é apresentado na Fig. 40 abaixo

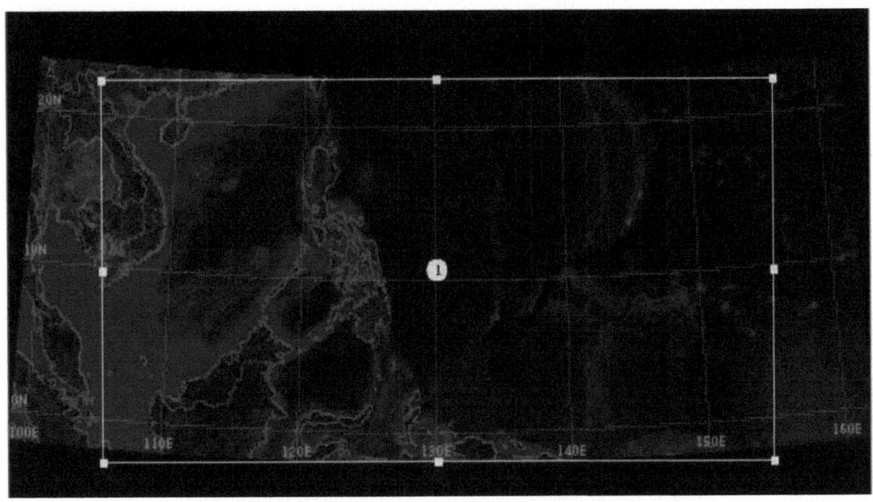

Fig. 39 Domínio de simulação do tufão Haiyan

A linha temporal da simulação (2013-11-03_00:00:00 - 2013-11-10_00:00:00) foi especificada nos ficheiros namelist.wps e namelist.wps. Os resultados da simulação gerados são mostrados abaixo na Fig. 41.

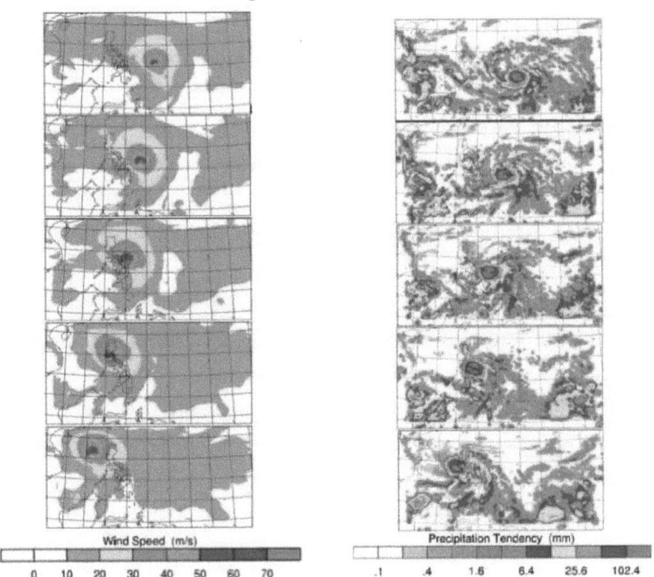

Fig. 40 Corrida do tufão Haiyan

A trajetória prevista pelo tufão na Fig. 41 e a trajetória real do ciclone na Fig. 42 são notavelmente semelhantes, reforçando assim a precisão e a robustez do quadro.

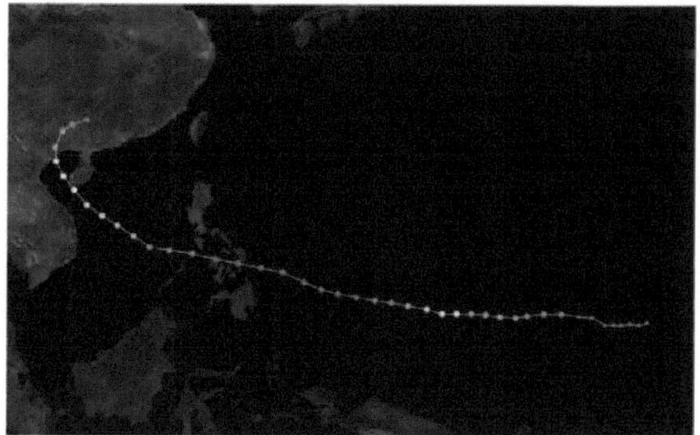

Fig. 41 Trajetória real do tufão Haiyan

Fig. 43 Exemplo de alerta MMS do tufão Haiyan

Um alerta MMS semelhante, como mostrado na Fig. 43, também pode ser gerado para este evento climático extremo.

A reação a um sistema de alerta deste tipo tem sido extremamente positiva. Rajalakshmi, uma habitante da cidade rural de Katpadi, afirma: "Atualmente, recebo as previsões meteorológicas dos canais de notícias da televisão em Tamil. As previsões são transmitidas apenas com um dia de antecedência". Ela ficou entusiasmada com a ideia de receber actualizações meteorológicas diretamente no seu telemóvel (Fig. 44). Todos, incluindo os meus filhos, têm telemóveis que trazem sempre consigo. Por isso, um aviso de ciclone no telemóvel será muito útil", diz ela. O entusiasmo de Rajalakshmi motivou os autores a alargar o alcance destes alertas de ciclones a muitos outros estados da Índia.

Fig. 44 Rajalakshmi, com uma demonstração do aviso de ciclone

CAPÍTULO 4

4 Conclusão e reação do público e dos meios de comunicação social

A precisão dos alertas de ciclones fornecidos pelo nosso quadro já demonstrou ser de um nível muito elevado. Este capítulo analisará os sistemas de alerta meteorológico atualmente utilizados e compreenderá a resposta do público a esses alertas.

A CWD (Cyclone Warning Division) do IMD emite uma série de boletins de aviso de ciclones para a AIR (All India Radio), Doordarshan e outros canais noticiosos da televisão indiana. A população em geral recebe então estas mensagens através dos respectivos meios de comunicação social.

Antes do início do ciclone Phailin, foram empreendidas extensas iniciativas de alerta de desastres para avisar os habitantes costeiros do perigo iminente. Os assistentes sociais e as organizações governamentais conseguiram comunicar o perigo à maior parte da população rural e um grande número de pessoas foi evacuado. No entanto, houve uma pequena percentagem de pessoas que não levou a ameaça a sério.

O IMD tem ACWs (Area Cyclone Warning Centers) situados nos metropolitanos de Chennai, Kolkatta e Mumbai e CWCs (Cyclone Warning Centers) mais pequenos situados em Visakhapatnam, Bhubaneshwar e Ahmedabad.

O quadro que existe atualmente na Índia para os avisos de ciclones tem uma arquitetura de três níveis. Os ACWCs/CWCs efectuam o trabalho operacional de emissão de alertas e avisos através de vários meios de comunicação. A Direção de Avisos de Ciclones de Nova Deli e o Diretor-Geral Adjunto da Meteorologia (Previsão Meteorológica) supervisionam o funcionamento dos ACWs e dos CWCs. A distribuição organizacional dos centros de alerta de ciclones na Índia é apresentada na Fig. 44.

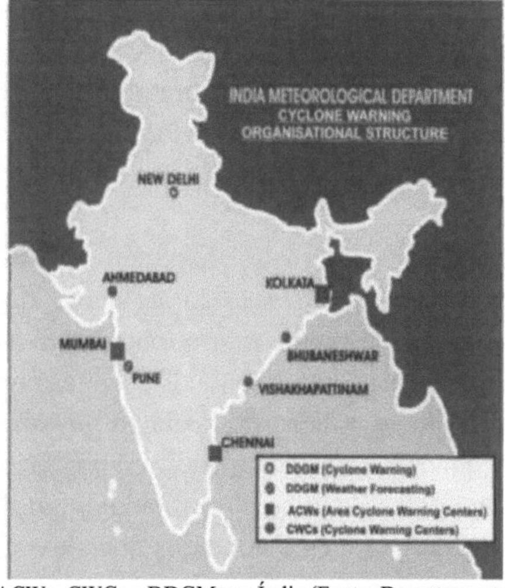

Fig. 45 Distribuição de ACWs, CWCs e DDGMs na Índia (Fonte: Departamento Meteorológico Indiano)

Tradicionalmente, as cidades rurais na Índia têm utilizado a previsão meteorológica baseada em dados de observação para ter uma ideia das condições meteorológicas futuras.

No entanto, estes dados revelaram-se limitados na sua capacidade de prever as condições meteorológicas num futuro longínquo, especialmente do tipo que seria necessário para identificar um ciclone iminente.

A monção na Índia tem sido objeto de um estudo aprofundado ao longo dos anos - a Baía de Bengala foi palco de 25 dos 31 ciclones mais poderosos. Este facto obrigou a um estudo alargado das monções de sudeste e noroeste para compreender como se formam os ciclones na Baía de Bengala. Os conhecimentos adquiridos com este estudo podem ser combinados com os resultados do sistema numérico de previsão meteorológica para obter uma compreensão concreta da atividade ciclónica ao longo da costa indiana.

Toda a estrutura, incluindo a divulgação generalizada, está a ser testada no estado de Tamil Nadu. O Tamil Nadu tem uma vasta linha costeira de cerca de 910 km, o que o torna extremamente vulnerável aos ciclones que têm origem na Baía de Bengala. Estão a ser enviados alertas para as aldeias costeiras de Tamil Nadu que são as mais vulneráveis aos ciclones.

O quadro pode ser alargado a qualquer localização geográfica, como demonstrado nos três estudos de caso analisados no Capítulo 3.

Devido à utilização do modelo de Investigação e Previsão Meteorológica no seu núcleo, a exatidão dos resultados do quadro está ao nível dos resultados das previsões modeladas de quaisquer outras organizações governamentais. É possível utilizar o modelo para regressar ao passado e avançar no tempo.

Deste modo, é possível estudar as caraterísticas que precedem uma catástrofe natural como um ciclone, observando os eventos que ocorreram no passado. Ao olhar para o futuro, os ciclones podem ser previstos com uma semana de antecedência. Este facto torna a estrutura muito robusta e útil nos esforços de previsão de ciclones.

Os processos de previsão de ciclones e de emissão de alertas foram pormenorizados nos capítulos anteriores.

No entanto, há mais uma componente que deve ser considerada antes de o sistema poder ser posto em prática - a racionalização do protocolo, de modo a garantir que a população vulnerável tenha acesso rápido a informações tão exactas quanto possível. Isto implica notificar as organizações e indivíduos corretos e garantir que o sistema é seguro e não pode ser pirateado ou utilizado para ganhos pessoais. Para tal, é necessário testar exaustivamente o quadro - especialmente o subprocesso de disseminação de dados, a fim de garantir um percurso eficiente e rápido do servidor ao utilizador final.

Os autores sentiram-se extremamente honrados quando a comunidade científica e os meios de comunicação social de todo o mundo receberam este trabalho com grande interesse. Os media de todo o mundo cobriram a história poucos dias após a publicação de um pequeno excerto do nosso trabalho na Atmospheric Science Letters [11]. Jornais locais como o The Hindu[3] , o Times of India[4] e o Deccan Chronicle[5] , bem como agências noticiosas internacionais como o Science Daily[6] e o Asian News International[7] (ANI) publicaram histórias sobre este tema. Os autores foram também entrevistados para um segmento noticioso de 5 minutos num canal de notícias nacional (Fig. 46)

Fig. 46 Excerto de uma entrevista a um canal de notícias nacional Fonte: Entrevista do Headlines Today com os autores[8]

"Nunca há tempo suficiente para efetuar os procedimentos de evacuação adequados no caso de acontecimentos tão imprevisíveis. Mas tudo isso está prestes a mudar através de um simples telemóvel" (Fig. 47) e "Porquê esperar pelo aviso de ciclones através da TV e da rádio quando se tem um telemóvel? (Fig. 48) foram alguns dos títulos que os media utilizaram para legendar este trabalho.

Fig. 47 Um homem junto à costa de Tamil Nadu com um telemóvel Fonte: Entrevista do Headlines Today com os autores

[3] http://www.thehindu.com/ todays-paper/tp-national/ tp-tamilnadu/ weather-alert-system-rings-in-global-limelight/ article5585264.ece
[4] http://timesofindia.indiatimes.com/city/chennai/VIT-team-develops-cyclone-alert-app/articleshow/28857406.cms
[5] http://www.deccanchronicle.com/140116/news-current-affairs/article/vit-students-design-mobile-cyclone-alert
[6] http://www.sciencedaily.com/releases/2014/01/140107092942.htm
[7] h ttp://www.aninews.in/newsdetail7/storyl49108/new-phone-alerts-for-extreme-weather-could-help-prevent-casualties-in-india.html
[8] h ttps://www.youtube.com/watch?v=WtEXyBNs-oI

VIT team develops cyclone alert app

TIMES NEWS NETWORK

Chennai: Why wait for cyclone warnings through TV and radio when you have a mobile phone? Students of Vellore Institute of Technology have developed an applet that will generate alerts based on local weather conditions and deliver it to your mobile phone.

Based on satellite images and forecasting methods from National Oceanic and Atmospheric Administration (NOAA) in the US, Satyajit Ghosh, a senior professor at VIT, and two of his students have developed an applet that would send images to any phone supporting MMS. "We have downloaded the NOAA code that makes forecasts based on satellite images and conditions such as temperature and humidity," said Ghosh.

The intensity of the cyclone, the time and place wher it will make landfall can be predicted using NOAA's code. "Though freely available, this code was used only by an elite

STORMING OPERATION

▶ The system **sources satellite images and local weather conditions** like temperature and humidity from NOAA

▶ An NOAA code **makes the forecast**

▶ The system **converts the information into images** and texts supported by any MMS-enabled phone

▶ **Warnings are issued** in the local language of mobile users

group of scientists and meteorologists. We now intend to take it to the masses," said Ghosh. The alerts will include coloured images and warnings in Tamil. This will be extended to other languages later."

The next step is to find a way to disseminate the information. As part of a pilot project, Vivek Vidyasagaran and Sandeep Subramanian, who have been working with Ghosh, will take the system to 2,000 villagers around VIT. "That will be their final year project," the professor said. "We are filing for a patent for the technology in three months and will hopefully get the first phase of trials up and running."

The alert technology is designed to work on all formats of mobile phones. It will come in the form of an MMS with a voice alert option. Applets are being developed to configure, install and run the WRF (weather research and forecasting) model anywhere and everywhere — on student laptops and on classroom clusters.

Now, in the event of a cyclone, the India Meteorological Department sends out bulletins that are aired over All India Radio and TV channels. It is then up to the heads of district administration to take precautionary measures. "Once we get the patent, whoever buys the technology will have to approach the authorities to get permission to carry it forward," said Ghosh. Mobile service providers and government agencies are potential buyers for the technology.

Officials from the Met department say it is a good idea but needs to be done with caution. "There should be only one agency that gives out warning. We should be careful not to create confusion in an emergency," said regional meteorological centre director S R Ramanan.

Fig. 48 Artigo de jornal que descreve esta obra
Fonte: Artigo
de jornal do Times of India sobre este trabalho

REFERÊNCIAS

[1] Nair, Balakrishnan, et al. "Previsão e monitorização de ondas durante o ciclone muito severo Phailin na Baía de Bengala". *Current Science* 106.8 (2014): 11211125.

[2] Knutson, Thomas R., et al. "Tropical cyclones and climate change." *Nature Geoscience 3.3* (2010): 157-163.

[3] Holland, Greg J. "An analytic model of the wind and pressure profiles in hurricanes" [Um modelo analítico dos perfis de vento e pressão em furacões]. *Monthly weather review* 108.8 (1980): 1212-1218.

[4] Departamento Meteorológico da Índia. (2015 outubro). Recuperado de http://www. imd.gov.in/

[5] O modelo de investigação e previsão meteorológica. (outubro de 2015). Recuperado de http://www2.mmm.ucar.edu/wrf/users/

[6] Corporação Universitária para a Investigação Atmosférica. (2015 outubro). Recuperado de http://rda.ucar.edu/

[7] Guia do utilizador do modelo de investigação e previsão meteorológica Advanced Research WRF (ARW). (outubro de 2015). Obtido em http://www2. mmm.ucar.edu/ wrf/users/docs/user_guide_V3/ARWUsersGuideV3.pdf

[8] Lotliker, Aneesh A., et al. "O ciclone Phailin aumentou a produtividade após a sua passagem: Evidence from satellite data". *Current Science* 106.3 (2014): 360-361.

[9] Sahoo, Subhashree, et al. "Impressão do ciclone Phailin na qualidade da água

da lagoa Chilika". *Current Science* 107.9 (2014): 13 80-13 81.

[10] Kotal, S. D., et al. "Growth of cyclone Viyaru and Phailin-a comparative study. "*Journal of Earth System Science* 123.7 (2014): 1619-1635.

[11] Ghosh, S., Vivek Vidyasagaran e Subramanian Sandeep. "Alertas inteligentes de ciclones sobre o subcontinente indiano". *Atmospheric Science Letters* 15.2 (2014): 157158.

Printed by Books on Demand GmbH, Norderstedt / Germany